'부의 미래'를 여는
11살 돈 공부

경제적 자유를 경험한 초등교사의 생활밀착 조기경제교육

'부의 미래'를 여는

11살
돈 공부

● 김성화 지음 ●

KOREA.COM

11살에 심어 주는 경제 습관

저는 11년 차 현직 초등교사입니다. 어려서부터 '초등교사'라는 직업이 좋다고 들었기에, 교사가 되기만 하면 행복할 줄 알았습니다. 하지만 사회생활, 결혼, 출산, 육아의 인생 과업을 해나가며 깨달은 것이 있습니다. 경제활동을 하는 데 있어서는 '어떤 직업을 갖느냐가 엄청나게 중요한 것은 아니다'라는 것입니다. 돈을 많이 벌든 적게 벌든, 안정적인 직장을 다니든 고정적이지 않은 수입이든, 기본적으로 경제 개념을 갖추고 경제활동을 하지 않으면 결국 돈에 끌려다니는 삶을 살 수밖에 없다는 것을 어른이 되어서야 깨달았습니다.

제 이야기를 잠깐 할까요? 저의 아버지는 조그마한 개척교회를 담임하는 목사님이었습니다. 평생 베풂의 삶을 사셨죠. 부모님의 헌신하는 삶은 존경스러웠지만 가정 형편은 늘 빠듯했습니다. 그랬기에 가족들은 크고 작은 생활고에 시달렸고 얼굴에는 그림자가 드리울 때가 많았습니다. 초등학생 시절, 한 푼 두 푼 모은 용돈으로 현장체험학습 경비를 낼 정도로 저는 어린 시절부터 자립에 관심을 가졌습니다. 부모님은 저에게 '자립'을 일찍 깨우치게 하셨지만, 정작 돈의 가치는 제대로 배우지 못했습니다. 그래서 저는 돈의 본질이 뭔지 모른 채, 그저 열심히 자본주의 시대를 살아왔습니다.

취업하고 돈을 벌면 달라질 줄 알았어요. 사회 초년 생활은 험난했습니다. 우연히 그 시절의 제가 써둔 일기장을 보았는데요, "사회생활은 새 정장을 입고 입사한 회사원에게 축하한다고 손뼉을 쳐주고 책상을 빼앗아 가는 것과 비슷할지도 모르겠다"라고 써놓았네요. 열심히 돈 벌고, 우리 반 아이들을 예뻐해 주고, 열정적으로 가르치면 돈이 저절로 모이고 생활의 안정과 행복도 자연스레 따라오리라 생각했습니다. 월급은 매달 17일이면 꼬박꼬박 들어오지만, 안녕이란 인사도 없이 계좌에서 허무하게 사라져 버렸어요. 꼭 붙잡고 싶었지만 제 힘만으로 되지 않더라고요.

그래도 미혼일 때는 그럭저럭 교사 월급으로 살 만했는데, 주부가 되고 엄마가 되고 보니 사고 싶은 것과 사야 할 것이 왜 이렇게 많은지 모르겠어요. 저에게는 자녀가 둘 있는데요, 아이가 목놓아 갖고 싶다는 터닝메카드 채집 상자도 사주고 싶고, 동네에서 자주 만나는 쌍둥이 남매가 다닌다는 어학원에도 보내고 싶어요. 우리 첫째 아이

폼 나게 유니폼 입혀 축구클럽도 다니게 하고 싶고요.

이 자리를 빌어 고백합니다. 친구의 인스타그램 스토리에 가족과 해맑게 웃으며 찍은 여행지 사진이 올라오는 날에는 대한민국 최고 깐깐한 교감 선생님의 마음이 되어 죄 없는 남편을 잡았습니다. 엄지손가락 한 번 까딱하면 되는데 '좋아요'도 누르지 못하는 속 좁은 제가 미웠습니다. 그러면서 내 삶은 여전히 팍팍하고 빠듯해도 좋으니, 내 아이는 돈 걱정 없이 넓게 보고 경험하며 살기를 바라게 되었습니다. 저만의 이야기일까요? 이번 달 생활비와 치솟는 물가상승률을 걱정하는 평범한 어른들이자 매일 바쁘고 근근이 살아가는 요즘 부모의 마음이리라 생각합니다.

이래도 고민되고 저래도 답답했습니다. 고민하면 머리가 아픈 건 알겠는데 뱃살은 왜 덩달아 늘어날까요. 무작정 열심히 공부한다고 전교 1등이 될 수 없다는 사실을 깨달았던 것처럼, 인생을 열심히만 산다고 모든 결과가 좋은 것은 아닌 것처럼, 경제적 자유를 위해 무작정 노력하는 것을 멈추고 전략적으로 접근해 보자고 마음을 먹었습니다. 남편과 밤낮없이 대화하고, 회의하고, 공부했습니다. 주말이면 서로 교대로 아이들 봐주면서 경제 공부에 몰입할 시간을 주기도 했습니다. 부의 축적을 다룬 책을 쌓아놓고 읽어 보고, 경제적 자유를 이루었다는 유튜버들의 영상도 보며 메모했어요.

결론을 내렸습니다. 저희 부부는 두 가지를 선택하고 그것에 집중하기로 했습니다.

1. 우리 가족이 생각하는 경제적 자유의 방향은?
    ① 자본소득을 늘려 소위 '파이프라인'을 만든다.
    ② 우리의 직업(노동)이 돈벌이 수단으로 여기지 않아도 될 만큼 모은다.

2. 우리 아이들이 경제 개념을 삶에서 제대로 배우게 하려면?
    ① 일상생활에서 경제에 대해 자주 다룬다.
    ② 경제 습관을 잘 길러 경제 사고력을 키워 준다.

신혼 초기, 서로 다른 두 사람이 지지고 볶으면서도 서로를 의지하고 버틸 수 있었던 것은 같은 미래를 꿈꾸고 나눈 대화에 있었습니다. 그 대화의 시작은 '가정생활에 소홀할 만큼 직장생활에 매달리는 것이 과연 행복할까?'였습니다. 부모님 세대나, 우리의 직장생활 초기만 해도 초과 근무와 야근, 주말 근무로 가족과 함께하는 시간이 줄어드는 것이 으레 당연하다고 생각했기 때문에, 성공하려면 가정에 소홀할 수밖에 없는 것인가에 대한 의문을 나누었던 것이죠.

사실 이 질문은 남편에게서 나왔습니다. 시부모님이 맞벌이를 하셨기에 남편은 혼자 노는 시간이 많았고 부모님 품이 늘 애틋했다고 해요. 부모라면 잘 알겠지만, 부모는 자녀를 키우기 위해 직장생활을 하지만, 그만큼 아이에게 간절한 정서적 교감의 시간은 줄어들 수밖에 없어요. 남편은 아이들이 커나가는 동안 아빠로서 함께하는 시간을 일에 너무 빼앗기지 않으면 좋겠다는 소망이 있었습니다.

그러한 대화를 나누다 보니, 직업이 생계유지를 위한 유일한 방법이 아니라면 좀 더 자유롭지 않을까 하는 방향으로 흘렀습니다. 저도 남편의 생각에 공감했습니다. 살면서 건강이 나빠지거나, 아이를 돌봐야 하거나, 부모님을 간병해야 하거나, 몸과 마음이 너무 지쳐서 일을 그만두어야 할 상황이 올 때가 있습니다. 하지만 그 순간에 일에 대한 가치나 사명이 아니라, 대출과 생활비, 교육비가 고민되어 그만두지 못하는 사람들을 흔히 보아 왔습니다. 빠듯한 월급이라는 러닝머신 위에서 계속 달려야 지금의 생활이 유지되기 때문이죠. 저희는 조금 다르게 살 수 없을까 더 고민했습니다.

가장 먼저 시도한 것이 집의 크기를 줄이는 것이었습니다. 주거 비용을 줄여 자본 소득을 늘리는 방법을 적용해 본 것입니다. 집의 크기를 줄인 차액으로 작은 오피스텔을 구입하여 고정적인 월세를 받기로 했습니다.

수입은 생각보다 컸습니다. 대출을 받아 마련한 신혼집 대신 빚 없이 작은 집으로 이사한 후, 그 차액을 가지고 구입한 수익형 부동산으로 월세를 받았으니, 고정 수입으로 인해 매달 플러스인 가계 시스템이 마련되었습니다.

물론 일상생활에서도 불필요한 소비를 줄였습니다. 집의 크기가 줄어든 만큼 관리비가 줄었고, 외식 생활도 가능하면 줄여 4인 가족의 한 달 식비가 65만 원을 넘지 않게 조절했습니다. 생활비 통장에는 현금 65만 원만 넣어두고 체크카드로 딱 그만큼만 지출해 나갔습니다. 햇수로 그렇게 5년 정도를 살았더니, 절약하는 삶에 근육이 붙더라고요. 이제는 매달 보름 정도만 지나면 감이 옵니다. 이번 달 생활비를 좀 더 썼구나, 또는 덜 썼구나 하고요.

식비와 생활비로 나가는 고정 지출을 재미있게 줄여나갔어요. 유튜브에 '냉파요리'('냉장고 파먹기 요리'의 줄임말, 냉장고에 있는 재료로 간단하게 할 수 있는 요리들)라고 검색하면 맛있고 쉽고 다양한 음식들이 나와서 따라 하는 재미가 있었어요. SNS에 냉파하는 동지들이 많아 공유하는 즐거움도 생겼죠. 미용가위와 이발기를 사서 집에서 아이들 머리를 자르니 세 번 갈 미용실을 한 번 가게 되었습니다. 집에서 잘라 주다 보니 커트 실력은 나날이 늘었습니다. 남편은 다음 커트 순서가 자신이 될까 봐 긴장하긴 했지만요.

생리대도 면 생리대로 바꾸었습니다. 통신비 지출하듯 때마다 사야 하는 생리대를 더이상 사지 않아도 되니 절약해서 좋고, 면 생리대를 사용한 뒤로는 일회용 생리대를 버릴 때마다 환경에 빚지는 듯해 마음속 한구석이 불편했던 감정을 더는 느끼지 않아도 되니 홀가

분했습니다.

그렇게 아낀 종잣돈으로 현금 흐름을 만들 수 있는 것들(부동산 월세, 주식 배당, 저작권 등)에 적극적으로 투자했습니다. 그 이후로 황금알을 낳는 거위처럼 자산은 늘어났습니다. 덕분에 결혼 7년 차인 지금은 교사라는 직장생활이 돈을 벌기 위한 수단은 아닙니다. 매일 왕복 세 시간 지하철을 타고 출퇴근하던 남편은 현재 자신이 꿈꾸던 사업을 하며, 이전과 다르게 시간적 여유를 선택할 수 있게 되어 아이들과 함께하는 기쁨을 누리고 싶어 하던 바람을 이루었습니다.

빠듯한 생활에 쪼들려 어버이날이면 한없이 작은 목소리로 안부 인사를 드릴 수밖에 없던 지난날과 달리, 이제는 부모님 생신이면 용돈도 넉넉히 챙겨드릴 수 있게 되었습니다. 사실 부모님께서 저를 경제적으로 여유 있게 뒷받침해 주지는 못하셨지만, 저의 어떤 선택도 존중하며 믿어 주는 무한한 신뢰와 사랑을 물려주셨죠. 그 사랑에 보답할 수 있는 형편이 되었음에 감사합니다.

경제적 자유라는 것은, 많이 벌어서 펑펑 쓸 수 있는 자유가 아닙니다. 지출보다 수입이 많아 끊임없이 플러스가 되는 삶, 나아가 내 시간과 돈을 억지로 바꾸지 않아도 되는 삶이 되었음을 의미합니다. 저는 지금도 교사라는 제 직업에 소명을 가지고 일합니다. 제게 직업은 돈벌이 수단이 아닙니다. 자녀를 먹여 살려야 하니까 하기 싫어도 억지로 일하는 것이 아닙니다. 경제적 자유를 가진 후 되찾은 중요한 것은, 일의 가치와 소명에 대한 재발견이기도 했습니다.

그리고 제가 교실에서 만나는 아이들과 제 아이들에게도, 교과서적인 말이 아니라 진정으로 그러한 가치를 추구하며 살라고 당당하게 알려줄 수 있게 되었습니다. 어떤 부모든 자신은 돈으로 꿈을 포기하기도, 기회를 놓치기도 하지만, 자녀만큼은 원하는 삶을 선택해서 행복하게 살기를 바랄 것입니다. 돈에 쫓겨 아등바등하기보다, 자신의 가치를 발휘할 수 있는 곳에서 기쁘게 밥벌이를 해나가길 바랄 것입니다. 그러기 위해서도 중요한 것이 경제 교육입니다.

돈으로부터 자유로운 사람이 있을까요. 인생은 돈을 벌고 모으고 쓰는 과정이 반복됩니다. 고기도 먹어 본 사람이 잘 먹는다는 말이 있지요. 경제생활도 그렇습니다. 공부만 잘하면 행복하다는 공식은 틀렸다는 것을 어른들은 삶에서 이미 느끼고 있습니다. 똑같이 돈을 벌어도 잘 쓰고 잘 모으는 사람이 있고, 잘못된 경제 개념과 습관으로 평생을 살아가는 사람도 있습니다. 저는 저의 아이들에게 '부'를 물려주기보다, '부'의 가치를 알려주고 스스로 그런 삶을 꾸려가게 만들고 싶었습니다. 그래서 경제적 삶이 생각과 몸에 스며들어, 돈에 쫓기기보다 돈을 주도하는 아이들로 자라게 하고 싶습니다.

이 책에는 우리 자녀에게, 교실에서 만난 제자들에게 가르쳤던 경제 교육과 경제 습관의 노하우가 담겨 있습니다. 우리 자녀와 제자들은 나보다 더 건강하고 풍성한 삶을 살길 바라는 저와 같은 마음을 가진 여러 부모가 이 책을 통해 그 생각과 방법을 나누고 적용했으면 좋겠습니다.

—저자 김성화

차례

PART 1

평생의 경제적 자유 결정하는
11세의 돈 습관

PART 2

11세에 알아야 할
핵심 경제 개념 조기교육

PART 3

'부의 미래'를 여는 키가 되는 11세의 11가지 경제 습관

PART 4

'부의 미래'로 인도하는 부모와 자녀의 11가지 생각 습관

PART 1

평생의 경제적 자유
결정하는
11세의 돈 습관

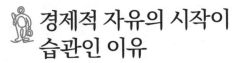 경제적 자유의 시작이 습관인 이유

매년 새로운 아이들을 만나 함께 생활하기를 10년. 그 동안 다양한 유형의 아이들을 만나며 일종의 통계 데이터가 쌓였습니다. 공통된 불변의 법칙을 깨닫게 되었다고나 할까요. 그것은 바로 이것입니다.

책상 정리를 잘하는 아이는 공부 습관도 잘 잡혀 있다.

정리 정돈을 잘하는 모든 아이가 공부를 다 잘하는 것은 아니지만, 대체로 그렇습니다. 이러한 아이는 등교하자마자 그날 공부할 연필을 잘 깎아 두고, 주간학습안내와 일일시간표를 확인한 뒤 책상 서랍의 공간을 나누어 책과 공책으로 책상 서랍을 차곡차곡 채웁니다. 그렇게 차분히 아침을 준비한 뒤 10분 동안 고요히 독서 시간을 갖습니다. 연간 수업일수 190일, 190번 매일 반복한 이 행동이 공부 저력이 되는 것은 어쩌면 당연한 일입니다.

좋은 습관이 공부에만 영향을 미치는 것은 아닙니다. 경제적 자유를 갖는 데 있어 습관은 핵심입니다.

세계 최고의 투자자로 꼽히는 워런 버핏은 세계 부자 순위 10위 안에 드는 자산가입니다. 그는 어떻게 많은 재산을 모았을까요? 그의 경제적 자유는 그가 금수저였기 때문일까요? 아니면 신이 선물한 천부적인 재능 덕분이었을까요? 그에게는 어릴 때부터 남달랐던 몇 가지 습관이 있었습니다.

첫째, 경제에 대한 관심입니다. 친구들이 유치원에 다닐 때 그는 껌을 팔고, 코카콜라를 팔고, 골프공을 팔고, 팝콘을 팔았으며, 신문 배달을 하였습니다. 우리 아이도 워런 버핏처럼 어릴 때부터 돈을 벌어야 하냐고요? 그것은 핵심이 아닙니다. 버핏은 사람들이 불편해하는 것이 무엇인지 파악한 뒤 그 불편을 해소하기 위한 방법을 찾아 이익을 만들어 냈습니다.

그는 친구들이 껌을 사기 위해 마켓까지 가는 시간, 노는 것을 멈추고 나가는 친구들의 불편함을 예리하게 포착했습니다. 버핏은 껌을 구입해 친구들이 오가는 동네 골목에서 조금 더 비싼 값에 되팔아 이윤을 남겼습니다. 버핏은 친구들의 불편함을 해결해 주는 비용으로 수익을 낸 것이죠. 이발소에 핀볼 기계를 설치하기도 하였습니다. 손님들이 이발소에서 자기 순서를 기다리는 동안 지루해하는 모습을 보고 핀볼 기계로 재미있는 시간을 보낼 수 있도록 하면서 돈을 번 것이죠.

둘째, 버핏은 쓰는 것보다 모으는 것을 좋아했습니다. 버핏은 검소하기로 유명하지요. 몇십 년 동안 그의 아침 식사는 출근길에 간단히 먹는 2~3달러 햄버거로, 평범한 노동자와 똑같은 식사로 하루를 시작했습니다. 그가 소유하고 있는 집이나 자동차 또한 중산층이 이용할 만한 수준의 것입니다. 검소한 삶을 사는 그의 생활 태도에 많은 사람이 그 이유를 물었고 그는 이렇게 답했습니다.

"가격과 가치는 다르다."

우리는 종종 아이들을 사랑하는 마음에 더 많은 것을 주려고 욕심을 부립니다. 저도 그렇습니다. 학급 운영에 이것이 좋다고 하면 이것을 넣고, 저것이 좋다고 하면 저것도 적용해 보려 합니다. 이것저것 많이 시도해 보았지만 한 해가 끝날 무렵에는 뭔가 허전함이 남습니다. 왜 그럴까요? 분명 열심히 했는데 말입니다. 오랜 고민 끝에 제가 내린 답은 이것입니다.

"아이들에게 단 한 가지 메시지만 전달하자."

험난한 세상에서 돈 걱정 없이 자녀를 키우고 싶은, 똑 부러지는 경제 감각 있는 아이로 키우고 싶은 학부모님에게도 한 가지 메시지만 전달하고 싶습니다. 경제적 자유의 시작과 끝은 '습관'입니다. 그것이 전부입니다. 그것이 핵심입니다. 그렇다면 어떤 경제 습관을 길러야 할까요?

첫째, 경제에 대한 '관심 습관'을 기릅니다.

경제에 관한 관심은 세상에 관한 관심에서 비롯됩니다. 특히 경제 공부는 세상 공부라고 바꿔 말할 수도 있습니다. 마트에서 아이스크림을 고를 때도, 좋아하는 장난감을 고를 때도, 오늘 저녁 식사를 배달로 할 것인지 외식으로 할 것인지 어떤 음식점을 고를지 선택할 때도 모두 기회비용을 따집니다. 아이가 초등생이 되어 숫자의 단위와 돈에 대한 감각이 생기기 시작했다면, 일상에서 비용을 지불하게 되는 상황이 되었을 때 아이에게 선택의 주도권을 넘겨 봅니다.

너는 어떤 것이 더 나은 것 같아?
그 선택을 한 이유를 말해 줄래?

일상생활에서 경험하는 불편함을 해결해 주는 서비스를 제공하여 이익을 낼 수 있다는 것에도 관심을 갖게 할 수 있습니다.

캠핑을 가서 모닥불을 피우려고 보니 장작이 필요합니다. 주변에 나뭇가지들을 모으려니 시간이 꽤 걸립니다. 아빠는 불을 피우는 일이 익숙하지 않아 시간이 한참 걸릴 듯하네요. 마침 캠핑장 매점에 "장작 판매/토치 판매"라는 문구가 보입니다. 땔감을 모으고 불을 피우는 수고를 비용으로 대신할 수 있는 상황입니다. 비용을 따져 보고 시간을 따져 봅니다.

이런 서비스는 왜 생겼을까?

이 불편함을 어떻게 해결하면 좋을까?

또 다른 방법은 없을까?

더 나은 대안은 없을까?

아이가 어리다고 모든 것을 부모가 결정하지 마세요. 아이 스스로 선택하고 그에 따른 기회비용을 잃어도 보고 선택의 결과에 책임지는 경험을 하는 것이 중요합니다. 실제로 돈을 쓰고 물건을 구매하면서 체화되는 경제 감각도 쑥쑥 자라게 됩니다.

둘째, 쓰는 것보다 모으는 '행동 습관'을 기릅니다.

아이의 용돈은 아이가 관리해야 합니다. 적은 돈이라도 아이가 주도적으로 관리해 보아야 나중에 큰 자산도 스스로 관리할 수 있습니다. 일주일 혹은 한 달 단위로 용돈을 주고 있다면 매일 얼마나 썼는지, 얼마를 받았는지 기록하는 것이 가장 좋습니다. 그것이 어렵다면 일정한 날에 모아서 정산합니다. 아이가 직접 그 결과를 눈으로 확인하는 것이 중요합니다. 얼마를 받았는데 현재 얼마가 남았는지를 보는 것이지요.

남은 용돈을 어떻게 하면 좋을지 아이와 상의한 후 결정합니다. 용돈을 쓰고 싶은 만큼 다 써보기도 하고, 사고 싶은 것을 위해 참아보며 인내하는 시간을 가질 수도 있습니다. 용돈을 자신이 통제할 수 있는 경험으로 삼게 하는 것이 핵심입니다. 혹여나 쓸데없는 것에 돈을 다 써버릴까 하는 노파심에 "엄마가 관리할게" 하고 용돈의 주도권을 가져가지 않아야 합니다.

아이가 장난감 블록을 가지고 노는 동안 아이의 소근육이 발달합니다. 돈도 다양한 방법과 방향으로 써 보는 경험을 하게 해주세요. 돈을 통제하는 근육을 단련하는 과정이 됩니다. 그 과정에서 돈을 관리하고 쓰는 것에 관한 대화를 아이와 끊임없이 나눠 주세요. 스스로 관리할 수 있는 자율성을 주면 결국 돈에 대한 소중함도 깨달을 뿐 아니라 절제하고 모을 힘도 기를 수 있습니다.

건강한 체형을 유지하는 비결은 한 가지입니다. 많이 움직이고 적게 먹기. 세상에 알려진 유명한 부자들이 부를 이룬 비결은 한 가지입니다. 많이 모으고 적게 쓰기. 참 단순합니다. 하지만 쉽지 않습니다. 비결은 모두 알고 있지만, 행동으로 옮기기 쉽지 않습니다. 아이스크림은 녹기 전에 먹어야 합니다. 어떤 결정이든 더는 고민하지 말고 지금부터 시작하세요. 오늘부터 마트에서 장볼 때 아이에게 한 번 물어보세요.

너는 어떤 것이 더 나은 것 같아?

그 선택을 한 이유를 말해 줄래?

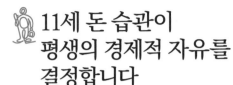# 11세 돈 습관이 평생의 경제적 자유를 결정합니다

"시작할 때부터 위대할 필요는 없다.
그러나 시작하면 위대해진다."

― 지그 지글러 (세계적인 동기부여 전문가)

　유산은 부모가 소중히 여기는 가치, 재산을 후손에게 의미 있게 물려주는 것입니다. 그렇다면 무럭무럭 자라고 있는 사랑하는 내 자녀를 위해 어떤 유산을 준비하고 있나요?

　주변에 일찍이 경제적 여유를 가지고 살아가는 (정말로 부러운)분들과 대화를 나눠 보면 듣게 되는 공통점이 있습니다. 이들은 부모에게 부, 소위 말하는 재산을 유산으로 물려받은 것이 아니었습니다. 바로 '부에 관한 생각'을 물려받았습니다. 핵심은 여기에 있습니다. 남들이 부러워할 만한 여유로운 수준의 재산보다 중요한 유산은 경제의 흐름을 보는 눈, 경제에 대한 감각, 돈을 다루는 방법과 습관입니다. 어릴 때부터 밥상머리에서, 잠자리에서, 동네 가게에서 몸과 마음으로 익혀 온 이러한 가치들은 가랑비에 옷 젖듯 삶의 구석구석에 스며들어 어른이 되었을 때 큰 자양분이 되어 있었습니다.

아쉽게도 보통의 부모는 어떠한가요? 경제에 대해 잘 몰라서, 돈에 관해 이야기하면 천박한 것 같아서, 돈에 관한 이야기는 있는 사람들의 이야기라고 생각해서 등 수많은 고정관념으로 아이와 부에 관해 이야기하는 것을 꺼리고 불편해합니다. 돈을 더 많이 못 벌어서 미안해합니다. 더 비싼 장난감, 더 비싼 옷을 사주지 못해 미안해합니다. 부에 관한 생각을 주지 못해서가 아니라 돈, 물건을 내 아이에게 마음껏 주지 못해서 미안해합니다.

단순히 돈이 아니라 경제의 흐름, 경제에 대한 감각, 돈을 다루는 방법과 습관을 길러주는 것에 집중해야 합니다. 경제에 관한 이야기는 지금부터 해야 합니다. 아이가 경제와 관련된 어떠한 것에 '왜?'라고 묻거나 호기심을 가지기 시작했다면, 그때가 적기입니다. 그렇게 경제 대화를 시작하면 됩니다.

어린 시절부터 경제 개념을 차곡차곡 쌓아 경제적 자유를 이룬 몇 가지 사례가 있습니다. 우리 아이에게 어떻게 적용하면 좋을지 꼭꼭 씹으며 읽어 보세요.

사례 1. 쭈니맨 권준 군

"엄마, 나 삼성전자 사고 싶어." 아이가 어느 날 이런 말을 한다면 어떨까요? 참 당황스럽습니다. 권준 군은 '삼성전자 주식으로 천만 원을 번 중학생'으로 이름을 알린, '쭈니맨'이라는 경제 유튜버입니다. 권준 군의 어머니 이은주 씨는 아이의 이 물음에 특별하게 답했다고 합니다.

권 군도 여느 초등학생과 다를 바 없이 로봇 장난감과 딱지에 푹 빠져 지냈습니다. 새 상품이 출시될 때마다 여느 아이들처럼 졸라댑니다. 집에는 장난감이 한 보따리인데 또 사고 싶다는 아이를 어찌해야 할까요? 이런 모습을 보며 한숨짓는 많은 어머니의 마음은 똑같을 것입니다. 하지만 준이의 엄마 이은주 씨는 달랐습니다. 일상에서 아이 눈높이에 맞춘 대화를 통해 경제 개념을 일깨워주며 경제 교육을 했습니다.

> 엄마: 장난감 회사 사장님이 되면 어떨까? 그러면 공장에 네가
> 원하는 장난감이 가득 있을 텐데 말이야.
> 준이: 정말요? 어떻게 하면 장난감 회사 사장님이 될 수 있어요?

완전히 새로운 접근이지요? 바로 아이의 시선을 구매자가 아닌 생산자 마인드로 접근하도록 관점을 바꾸어준 것이지요.

코로나19 바이러스 팬데믹에 대한 공포가 극에 달했던 2020년 3월을 기억하나요? 코스피와 코스닥은 끝도 없이 추락했고 심지어 서킷브레이커와 사이드카까지 발동했습니다. 경제위기의 공포에 사람들은 우왕좌왕했습니다. 그런데 경제 뉴스에 나온 전문가들은 "폭락

장은 우량주를 저가 매수할 기회"라
고도 했습니다. 한 번쯤은 들어보았
을 것입니다. 예상치 못한 경제 위기
가 닥쳤을 때 평소 생각대로 의연할
수 있는 사람이 몇이나 될까요? 그
런데 평소 경제 교육을 통해 경제 관
념이 생긴 권 군은 이때 삼성전자를
매수하기로 결심하고 어머니를 설
득하여 주식 계좌를 만들었습니다.

코스피 지수를 자녀와 함께 보며 장난감에 대한
관심을 해당 업체의 대표나 주주의 마인드로
전환해 경제적 사고를 키울 수 있다.

권 군이 지금까지 모은 용돈과 미니카 판매와 자판기 사업으로 모은
돈 2,000만 원을 종잣돈으로 시작했습니다. 꽤 큰돈을 권 군 스스로
투자했고, 곧 주식이 상승장으로 전환되며 높은 수익률을 거두었습
니다.

평소 권 군의 어머니는 사교육보다는 경제적 자립과 같은 '세상
공부'를 가르쳐주고 싶었다고 합니다. 아이는 일찍이 모은 돈을 기
부 활동을 통해 세상에 좋은 영향을 전하는 경험도 했어요. 코로나
19라는 경제 위기를 직접 몸으로 체험한 아이는, 미래의 언제든 경
제 위기가 닥치면 객관적으로 상황을 보고 경제 흐름을 읽어야 한다
는 것을 이해했고, 현명하게 대처할 준비를 하고 있습니다.

"엄마, 나 장난감 사고 싶어." 아이의 말에 어떻게 반응하고 행동하
면 좋을까요? 경제를 조기교육시킨다고 생각하면 쉽습니다. 아이가

관심을 가지는 대상에서부터 시작하세요. 장난감을 좋아하는 아이라면, 블록을 좋아하는 아이라면 그 회사와 시장에서의 점유율, 경쟁제품과 경쟁사 등을 주제로 대화를 나누면서 경제 공부를 시작해 보세요. 그렇게 부모와 대화하며 생긴 경제 관념으로 자신만의 의사결정도 할 수 있어요. 가능하다면 그런 관심으로 준이처럼 주식을 사는 경험을 제공해 줄 수도 있어요. 그렇게 작은 성공을 경험하며 얻은 성취감은 아이를 움직이게 합니다. 아이 스스로 자기 주도적으로 인생을 설계할 수 있습니다.

사례 2. 존 리 대표

메리츠운용 대표 존 리는 '존봉준'이라는 별명을 갖고 있습니다. 코로나 위기로 외국인 투자자가 한국 주식을 팔며 급락세가 이어질 때 개미투자자들이 한국 주식을 적극 매수하는 '동학개미운동'을 이끌었다는 평을 받기 때문이지요. 존 리 대표는 대학교 2학년 때 가족과 함께 미국으로 이민을 가서 미국에서 35년간 살면서 월스트리트 등에서 펀드매니저로 일했습니다. 하지만 그의 돈에 대한 철학과 가치는 펀드매니저를 하면서 배운 것이 아니었습니다. 유대인들의 사례를 보며 자란 덕분이었습니다.

그는 다수의 인터뷰를 통해 돈에 대한 철학을 유대인에게 배웠다고 말합니다. 유대인은 전 세계 인구의 0.2퍼센트에 불과하지만, 이들이 실제로 미국 금융을 움직입니다. 전 세계의 경제 흐름을 좌지우지하는 유대인들의 저력은 무엇일까요?

유대인들은 어릴 때부터 돈에 대해 제대로 가르칩니다. 남자 13세, 여자 12세가 되면 성인식을 하는데, 이때 가족들로부터 평균 6천만 원 정도를 받습니다. 꽤 큰돈이지요. 이 큰돈이 의미하는 것은 무엇일까요? '독립'입니다. 부모의 경제력에서 독립하여 세상을 향해 나아가라는 것입니다. 물론 13세, 12세의 아이들이 이 돈을 받고 바로 독립하지는 않습니다. 미래에 경제적 독립을 하기 위해 이 종잣돈을 가지고 이때부터 투자하는 법을 배우고 경제 흐름을 깨우칩니다. 실제 자신의 돈이 나가고 들어오는 과정을 체험하면서 금융을 지식이 아닌 체화로 배우는 것입니다. 존리 대표는 워런 버핏의 말을 인용해 "먼저 하는 사람을 이길 수는 없다"라고 말합니다. "투자는 무조건 시간과의 싸움"이라고도 했죠.

두 사례의 공통점은 무엇일까요? 바로 '어릴 적부터 돈에 대해 잘 가르쳤는가?'입니다. 부모가 아이에게 돈에 대해 제대로 가르치면, 아이는 스스로 독립합니다. 내가 앞으로 무엇을 할지 깨우치기 때문이에요. 우리는 자녀에게 돈에 대해 가르치고 있나요? 돈을 바르게 이해하면 아이는 스스로 '독립'을 준비해 나갑니다. 자연스럽게 나는 어떤 일을 통해 경제활동을 하고 사회의 일원이 될 것인가를 고민하게 되기 때문입니다. 경제 교육도 중요하지만, 지금 당장의 성적을 올리는 것이 더 중요하다며 미룬다면 출발부터 늦은 셈입니다.

경제 감각을 먼저 익히며 성장한 사람

vs

공부만 하다가 어른이 되어 그제야 처음으로 돈을 대하는 사람

두 사람의 차이가 얼마나 클지 상상해 보았나요? 사실 우리 주변에는 어른이 되어 처음으로 주체적으로 돈을 관리하게 되면서 돈을 벌고 쓰고 모으는 과정에서 헤매는 사람을 자주 봅니다. 저 또한 너무 늦게 알았습니다. 그래서 많은 시행착오를 겪었습니다. 우리 아이들의 세대는 달라야 합니다. 돈을 주체적으로 관리하려면 어려서부터 경제 개념과 경제 습관을 차곡차곡 쌓아야 합니다. 그것이 곧자기 스스로 세상을 헤쳐나갈 그림을 그리게 하는 힘이 된다는 것을 기억하세요.

변화하는 사회, 경제적 상황에 대한 관심 키우기

어린 시절, 용돈 기입장을 써보았나요? 부모 세대에게 경제 교육의 시작은 용돈 기입장이었죠. 초등학교 5학년 실과의 교과단원인 〈자원 관리와 자립〉(교학사, 정성봉)에도 이러한 내용이 나오는데, 이처럼 학교에서도 용돈 관리에 관한 교육을 실시합니다. 하지만 우리 아이가 살아갈 세상은 용돈 교육만으로는 어렵습니다. 현재 우리의 생활을 살펴보시죠.

사례 1. 노 캐시No Cash, 현금 없는 사회

점점 더 현금 구경하기 힘든 세상입니다. 최근 일주일 동안 지갑에서 현금을 꺼내 결제해 본 횟수가 얼마나 되나요? 요즘은 현금을

대면을 통해 이루어지던 주문 및 결제가 키오스크와 같은 기기로 전환되고 있다. 결제 방법도 현금이 아닌 카드나 모바일로 이루어진다.

들고 다니는 사람이 거의 없습니다. 편의점에서 1,000원짜리 물건을 사면서 카드를 내미는 게 민망하지 않습니다. 우리의 일상이 이렇게 변했습니다.

특히 외식, 유통업계에서는 주문 결제 시스템이 가장 급격하게 변화하고 있습니다. 현금보다는 카드, 모바일 결제 시스템 등을 활용한 다양한 주문 시스템이 등장했습니다. 아이와 손잡고 방문했던 매장의 풍경을 떠올려 보세요. 샌드위치, 아이스크림, 햄버거, 샐러드, 돈가스 가게에서 '뭘 주문하시겠어요?'라고 묻는 직원 대신 키오스크가 버티고 서서 메뉴를 보여 줍니다. 결제는 주로 카드나 모바일로 합니다.

카드나 모바일 결제를 추천하는 것도 모자라, 이제는 현금을 받지 않는 매장까지 생겨나고 있습니다. 한 커피 전문점은 직장인이 주고객인 일부 매장을 '현금 거래 없는 매장'으로 운영합니다. 신용카드와 모바일 결제 사용률이 지속적으로 늘고 있음을 보여주는 현상입니다.

사례 2. 일상생활을 지배하는 간편 결제 서비스

이제는 간편 결제 서비스가 일상생활을 지배하고 있다고 해도 과언이 아닙니다. 저만 살펴보더라도 평소 외출할 때 카드지갑만 들고 다닙니다. 심지어 스마트폰에 신용카드를 담은 앱카드가 있어, 카드 지갑조차 들고 다니지 않는 경우가 많죠. 대중교통을 이용할 때는 교통카드 기능이 있는 신용카드를 이용하고요. 점심 식사 때는 삼성페이에 등록된 신용카드를 단말기에 찍어 계산합니다. 일을 마친 오후 귀갓길에는 배달 애플리케이션(앱)을 열어 간편 결제 서비스인 배민페이 또는 카카오페이로 저녁을 시켜 먹기도 하지요. 생필품은 쿠팡 앱을 열어 쿠팡페이로 결제합니다. 여러분의 일상은 어떠한가요? 저와 거의 비슷할 거라 생각해요.

한국은행이 발표한 전자지급 서비스 이용 현황에 따르면 2021년 상반기 기준, 국내 간편 결제 서비스 결제액이 하루 평균 5,590억 원을 기록했다고 합니다. 국내 간편 결제 서비스는 금융권, 비금융권 서비스로 나뉘는데 금융권 서비스는 국민 앱카드, 삼성 앱카드와 같은 카드사 서비스를 말합니다. 비금융권 서비스는 유통사(SSG페이, 티몬페이 등), 커피 전문점(스타벅스), 플랫폼사(네이버페이, 카카오페이) 등이 있습니다.

이런 흐름에 맞춰 기업뿐만 아니라 각국 중앙은행들도 발 빠르게 디지털 화폐 전환을 준비하고 있습니다(중앙은행 디지털 화폐 Central

Bank Digital Currency, CBDC). 스웨덴은 디지털 화폐 e크로나의 시범 운영에 들어갔고, 중국은 디지털 위안화를 시범 운용하며 디지털 화폐 상용화를 위해 힘쓰고 있습니다. 한국은행 역시 '중앙은행 디지털 화폐'의 설계, 기술 검토를 마치고 모의 시험에 착수한다고 합니다.

이러한 흐름을 가속화한 것이 바로 코로나19 사태입니다. 바이러스가 지폐에 묻어 전염될 수 있다는 이야기가 번지면서 전 세계적으로 현금을 기피하는 현상이 뚜렷해졌습니다. BBC방송에 따르면 영국에서는 현금자동입출금기ATM 인출 횟수가 2020년 3월 코로나19 팬데믹이 선언된 이후 60%나 줄었다고 하니 사람들의 생각이 크게 바뀐 것을 알 수 있습니다.

돼지저금통에 동전을 하나씩 차곡차곡 모으고, 수입과 지출을 계산하는 용돈 기입장을 쓰는 용돈 교육은 정말 중요합니다. 하지만 세상은 너무나 빠르게 변하고 있어요. 요즘은 현금보다 카드(신용카드/체크카드), 간편 결제 서비스를 이용하여 물건을 사는 일이 흔합니다.

교실에서도 사회 교과 시간에 이러한 변화의 흐름을 뉴스를 보며 나누었어요. 디지털 화폐에 대해 알고 있는 것을 말해보라고 하니 다양한 결제 수단을 이야기하는 아이가 있고, 친구의 발표를 듣고 이런 사례를 처음 들어본다는 아이도 있었습니다.

현재 사회는 간편 결제 서비스가 통용되는 시대입니다. 인터넷으로 물건을 살 때 비밀번호 여섯 자리만 누르면, 심지어 비밀번호를 누르지 않아도 생체 인증으로 결제가 되는 편리함만큼 한편으로는 무섭기도 합니다. 그만큼 지출이 쉽고 지출 관리가 안 될 위험이 커서입니다. 어른도 지출을 줄이기 어려운데 아이들은 어떨까요? 아이들은 현금을 실물로 볼 기회조차 점점 잃어갑니다. 돈을 직접 쥐고 모으고 쓰면 돈의 감각을 익히기가 쉽습니다. 하지만 실물 없이 가상의 공간에서 주고받는 거래는 그 크기를 가늠하기 어렵습니다. 이렇듯 현실에서 내 아이가 돈에 대한 감각을 익힐 기회가 점점 줄어들고 있습니다.

그럼에도 유튜브, SNS에서는 소비를 더욱 부추깁니다. 초등학생 때부터 각종 옷과 신발, 스마트 기기 등의 고가 제품과 브랜드가 소개되고, 신제품 장난감, 화려한 교구, 게임 아이템 등이 늘 아이들의 소비 심리를 자극합니다. 돈을 다루는 방법은 아직 배우지 못했는데 쓰는 감각은 날로 발전해 나가지요. 화폐의 흐름이 점점 실물로 보이지 않는 만큼 교사이자 학부모로서 아이들에게 돈에 대해 더욱더 잘 가르쳐야겠다는 생각이 듭니다.

아이들이 만날 세상은 '디지털 자본주의 시대'가 될 것이고, 지금보다 돈의 힘이 세지는 시대가 될 것이 자명합니다. 이미 주변에는 스마트폰, 전기차 등 고가 제품이 일반화되고 있어요. 상대적인 박탈감에 시달리며 끊임없이 비교하는 내 아이의 모습을 보면 부모의 속도 까맣게 타들어 갑니다.

이런 시대, 어떻게 대응해야 할까요? 핵심은 경제적 사고력입니다. 경제적 사고력을 키워서 돈에 관한 판단과 실행이 올바른 아이로 자랄 수 있도록 도움을 주어야 합니다. 일상에서부터 올바른 경제 습관을 갖춘 아이로 자라게 도와야 합니다.

경제 사고력 훈련은 매일 저녁 공원을 달린 아이와 단 한 번도 달려본 적이 없는 아이가 단축마라톤 대회에 참가한 것과 비슷합니다. 매일 공원을 달린 아이는 5킬로미터 남짓한 거리를 별것 아니라고 생각합니다. 매일 달리던 거리니까요. 반면 한 번도 달려본 적이 없는 아이에게 5킬로미터는 어마어마하게 길게 느껴져 포기하기 쉽습니다.

우리는 어른이 되면서 몇 가지 과업을 수행하게 되고, 그 과정은 경제활동을 수반하기 마련입니다. 20대, 30대, 40대의 고비마다 내 자녀는 중요한 경제적 상황을 마주하겠지만, 어려서부터 경제 사고력을 키운 아이라면 의연하게 대처할 것입니다. 은행을 찾아가 계좌를 만들고 저축과 투자, 경제 지식을 통해 스스로 세상 보는 눈을 쌓아온 아이는 바른 선택의 경험으로 인생의 큰 과업도 잘 해낼 것입니다.

초등 자녀의 경제 교육은 다음의 세 가지 핵심에서 시작합니다.

첫째, 일상 속의 경제 개념을 배웁니다.
둘째, 경제적 사고력을 키웁니다.
셋째, 경제 습관을 기릅니다.

경제적 자유의 핵심,
경제적 자립심 키우기

　　　　　　혹시 두발자전거 탈 줄 아시나요? 너무 당연하다고요?
저는 두발자전거를 스물일곱 살에 처음 탔습니다. 제가 아홉 살 때
두발자전거 타기를 시도했다가 내리막에서 큰 도로까지 내동댕이쳐
진 무서운 경험을 한 이후로 두발자전거를 타보려는 시도조차 하지
못했죠.

　스물일곱 살이 되어서야 두발자전거 타기를 다시 시도했습니다.
처음에는 안장에 앉기는 했지만 뒤에서 누군가 밀어주지 않으면 한
발도 떼지 못했습니다. 자전거에 앉은 제가 해야 할 일은 무엇일까
요? '한 발 떼고 한 번 더 발 굴리기'입니다. 자전거 핸들을 잡고 한
걸음을 떼면 옴짝달싹 못 하지만, 한 발 더 내디디면 바퀴는 굴러가
고, 또 넘어지려 할 때 한 발 더 굴리면 자전거는 균형을 잡으며 앞으
로 나아갑니다. 그날 이것을 터득한 이후부터는 두발자전거를 혼자

탈 수 있게 되었고 이제 바퀴 닿는 곳은 어디든 신바람 나게 타고 갈 수 있습니다.

두발자전거를 탈 수 있는 사람은 두발자전거에 앉은 사람입니다. 그런데 누군가 뒤에서 밀어주거나 앞에서 끌어줘서는 멀리까지, 가고 싶은 곳까지 가기가 어렵습니다. 넘어질 듯할 때 페달을 한 발 더 스스로 내디뎌야 혼자서도 앞으로 나아갑니다.

경제적 자립심도 똑같습니다. 자녀가 직접 배우고 터득하도록 경험의 기회를 주어야 합니다. 경제에 관심을 두도록 질문하고, 선택을 존중하고, 그 선택의 이유를 생각하고 결과를 돌아보게 하면서 사고력을 키워나가야 해요.

생각보다 많은 아이가 돈의 소중함을 모릅니다. 돈에 대해, 경제에 대해, 세상에 대해 무관심한 채 살아가기도 하고요. 그저 쓰는 것만 아는 아이들도 많습니다. 반대로 아예 안 쓰는 것이 좋다고 생각하는 아이들도 있습니다.

돈에 대해 언급하는 것을 금기시하는 가정도 여전히 많습니다. '돈, 돈 하며 돈을 밝히는 것은 고상하지 못한 것'이라고 생각해서, 남들이 그리 볼까 봐 자유롭지 못한 것이라고 짐작해 봅니다. 아이들은 그저 공부만 열심히 하면 결국 돈을 잘 벌고 알아서 잘 모으고 잘 쓰게 될까요? 이러저러한 이유로 아이들은 돈에 대한 통제력을 가지지 못한 채 어른이 됩니다.

많은 부모가 자신들의 대에서 부를 축적해 자녀들에게 부를 물려

주고 싶어 합니다. 하지만 정작 자녀가 올바른 경제 습관과 경제적 사고력을 갖추지 못하면, 부를 물려받는다고 해도 지키기 어려운 현실입니다. 우리는 이런 사례를 주변에서 참 많이 들었습니다. 부모에게 물려받은 땅을 그 가치도 모른 채 팔아버렸다는 친구의 사촌 이야기, 결혼도 했고 네 살배기 딸도 있지만 아직도 자립하지 못해 부모님께 생활비를 받아 생활한다는 친척 동생 이야기도요.

　제대로 된 경제 교육을 받지 못하면 세상이 어떻게 돌아가는지 모르는 채 살 수밖에 없습니다. 그렇게 어른이 될 수밖에 없습니다. 바로 그 안타까움에서 이 책을 쓰기 시작했습니다. 우리 반 아이들만 아는 데서 끝나지 않고 책을 통해 만날 많은 아이와 부모에게 그 방법과 이야기를 공유하고 싶었습니다.

　2장에서는 경제적 자립심을 키우기 위한 첫 단계로 초등학생이 알아야 할 경제 개념을 소개하려 합니다. 아이들의 눈높이에서 쉽게 접근할 수 있도록 제가 교실 속에서 어떻게 경제 교육을 했고, 어떤 대화를 아이들과 나누었는지 재미있는 사례들을 펼쳐 놓겠습니다. 다 똑같이 적용할 필요는 없어요. 이 중에서 내 아이에게 꼭 적용해야 할 것이 무엇인지 골라 실천해 보면 됩니다.

PART  2

11세에 알아야 할
핵심 경제 개념
조기교육

왜 11세가
경제 기본 개념을 알아야 할
최적기인가요?

"우리는 남에게 무언가를 가르칠 수 없다. 스스로
자신 안에 있는 것을 찾아내도록 도울 수 있을 뿐이다."
— 갈릴레오 갈릴레이 (이탈리아 과학자)

저학년 때는 돈이라는 것에 관심 없던 아이가 어느 날부터 자꾸만 돈, 돈 합니다. 용돈을 더 달라고 하고, 심부름을 할 테니 돈을 달라고도 합니다. 엄마아빠는 얼마를 버느냐고 묻기도 하네요. 돈을 밝히는 아이가 되는 것만 같아 걱정입니다. 내 아이, 괜찮은 것일까요?

아이의 변화에 당황하지 않고 대처하려면 아이의 발달에 대한 이해가 필요합니다. 초등학교 1학년부터 6학년까지 6년 동안 아이는 지성, 감성, 시민성의 세 측면에서 큰 변화를 겪습니다. 아이의 발달 양상은 개인에 따라 크고 작은 차이는 있으나 거의 비슷한 흐름으로 성장합니다.

■ 초등 학년별 지성·감성·시민성의 발달 모습

학년	지성	감성	시민성
1	• 개인차 큼 • 이야기 듣기를 즐김	• 주변의 물건을 보고 만지며 호기심과 흥미가 강해짐 • 주의 집중력 부족 • 상상의 세계와 현실을 구분하지 않음	• 개별 행동 • 남녀 구분 없이 잘 어울림 • 세상이 나를 중심으로 존재한다고 인식함 • 모방하기를 좋아함
2	• 객관적인 지각 발달 시작 • 사고는 구체적, 행동적, 자기중심적 • 기계적인 기억 발달 • 어휘 수 증가 • 결과에 대한 원인을 찾게 됨	• 욕구를 점점 통제하는 능력 형성 • 미래, 가능성 등에 공포감을 가짐 • 쾌, 불쾌 감정에 민감해짐	• 가족, 자기능력, 소지품 등 소유욕 증가 (관심 많고 자각하게 됨) • 경쟁의식 높아지고 사회적 욕구에 민감해짐
3	• 개인차가 커지며 기억, 이해, 사고, 추리 등 지적 활동 시작 • 언어 발달이 급히 상승하고 사고력 증가 • 글을 읽고 이해하는 능력이 생겨 집중하여 책을 읽을 수 있음	• 선악의 관념이 깊어짐 • 비속어, 은어에 대해 호기심 많음 • 죽음과 같은 보이지 않는 세상에 관심 가짐(신화와 관련된 옛이야기) • 자기 가치에 충실(선악, 권선징악) • 주변 상황에 민감함	• 짝, 이웃을 중심으로 그룹 형성 • 자기중심적 사고와 행동에서 집단적 사고와 행동으로 옮겨짐
4	• 사물을 기계적으로 이해하고 판단하나 점차 논리적인 기억 능력으로 사리를 판단하게 됨 • 지적 수용 능력이 확대됨	• 감정의 기복이 많지 않고 비교적 안정된 정서적 태도 형성	• 그룹 형성 • 남녀 배타적 • 교우관계에서 그룹 형성이 유동적임 • 학급의식 강해져 자치 능력 생겨남
5	• 시간과 공간에 대한 인식이 생김(미지의 세계를 추구) • 과학적 지식에 관심 커짐 • 논리적 사고로 판단하는 능력 형성	• 정서를 통제하여 자기통제력이 강해짐 • 감수성 강해짐 • 교우 관계에 관심이 있으나 관계 맺기에 익숙하지 않음	• 집단의식에 동조하는 경향이 나타남 • 교우관계의 비중이 높아짐 • 소수 교우 관계에서 집단적 교우 관계로 변함, 소그룹을 형성하여 집단 의식을 강하게 형성하는 시기
6	• 비판적 사고력의 기초가 형성됨 • 사고력이 증진되어 문제를 분석할 수 있는 능력이 형성되고 있으나 자신의 의견을 드러내서 발표하기는 꺼림	• 자신과 관련된 일에 민감하게 반응 • 자신의 개인적 비밀 형성 • 교우관계에서 갈등이 자주 발생 • 자아의식이 생김	• 동질성 있는 친구끼리 그룹 형성(그룹의 리더가 생김) • 이성에 관심을 나타냄 • 교우관계에서 그룹이 유동적이지 않음

특히 초등학교 4학년, 11세쯤 되면 아동 발달의 영역 중 지성 발달에 큰 변화가 일어납니다. 3학년까지는 지적사고 중 기억, 이해에 의존하여 사고하는 경향이 큰데, 4학년이 되면 점차 논리적인 기억 능력으로 사리를 판단하기 시작합니다. 즉, 아이가 상황이나 문제를 기억하고 이해하던 수준에서, 사물과 현상의 이치를 따져 생각하는 논리적 사고 수준으로 발달합니다. 정보를 사고 체계에서 받아들이는 지적 수용 능력도 확대됩니다. 특히 관심의 범위가 '나'에서 친구, 그리고 나아가 나를 둘러싸는 사회로 크게 확장됩니다. 나를 둘러싸고 있는 사회에서 경제는 어떻게 돌아가는지에 대한 안내가 필요합니다.

학교에서는 발달에 맞게 경제 교육을 하고 있을까요? 한다면 어떻게 교육하고 있을까요? 우리나라에서는 제7차 교육과정부터 경제·금융 교육을 범교과 학습 주제로 정하여 강조했으며, 교과와 창의적 체험활동 등 학교 교육의 여러 영역과 통합하여 지도하도록 제안합니다. 또한 소비자의 책임과 권리, 창업(기업가)정신, 복지와 세금·금융생활·지적재산권 등을 범교과 학습 주제로 삼아 합리적 경제활동을 해나가도록 안내합니다.

흔히 사회 과목이 경제 교육과 가장 연관이 깊다고 생각합니다. 그래서 학교 교육과정에서는 사회 교과에서만 경제를 다룰 것이라고 생각하기도 합니다. 하지만 경제·금융 교육은 범교과로서 초등 1학년부터 고학년에 이르기까지 교과 교육과정과 연계하여 체계적으로 다룹니다. 이는 초등학교 교과서에 '경제 수업'이라고 따로 명시되어 있지 않을 뿐, 경제와 관련된 내용을 여러 교과의 교과서 지문이나 이야깃거리, 활동에서 다루고 있다는 뜻입니다.

■ 경제·금융 교육과 교과 교육과정의 관련성

구분	합리적 경제활동	소비자 교육	창업 (기업가정신)	복지와 세금· 금융생활· 지적재산권
초등 1~2	국어	국어	통합	국어
초등 3~4	사회	도덕, 사회	사회	미술
초등 5~6	사회, 실과	사회, 국어, 실과	국어, 실과	사회, 실과
중등	국어, 사회, 수학	국어, 사회, 기술·가정, 환경, 미술	사회, 기술·가정, 진로와 직업	사회, 역사, 도덕, 정보, 기술·가정
고등 공통	통합사회	통합사회 생활과 윤리	통합사회	통합사회
고등 선택	경제, 실용경제	경제, 실용경제, 정치와 법, 생활과 윤리	경제, 실용경제	경제, 실용경제, 사회·문화, 생활과 윤리, 정치와 법, 윤리와사상
		기술·가정		기술·가정, 정보

그렇다면 초등학교 사회 과목에서 경제 교육은 어떻게 다룰까요? 초등학교 사회 과목의 목표는 아이들이 주변의 사회 현상에 관심과 흥미를 느끼고, 생활과 관련된 기본적 지식과 능력을 습득하는 데

있습니다. 나아가 습득한 지식을 통해 주변 환경이나 문제에 적용할 수 있는 적극적인 태도를 기르는 데 초점이 맞춰져 있습니다. 초등학교의 학년별 사회 교과서 단원명을 살펴보면 그 흐름을 이해하는 데 도움이 됩니다.

■ **초등 사회 교과서 단원명**

학년	1학기	2학기
3	• 우리 고장의 모습 • 우리가 알아보는 고장 이야기 • 교통과 통신 수단의 변화	• 환경에 따른 삶의 모습 • 시대마다 다른 삶의 모습 • 가족의 형태와 역할 변화
4	• 지역의 위치와 특성 • 우리가 알아보는 지역의 역사 • 지역의 공공기관과 주민참여	• 촌락과 도시의 생활 모습 • 필요한 것의 생산과 교환 • 사회 변화와 문화의 다양성
5	• 국토와 우리 생활 • 인권 존중과 정의로운 사회	• 옛사람들의 삶과 문화 • 사회의 새로운 변화와 오늘날의 우리
6	• 사회의 새로운 변화와 오늘날의 우리 • 우리나라의 정치 발전 • 우리나라의 경제 발전	• 세계 여러 나라의 자연과 문화 • 통일 한국의 미래와 지구촌의 평화 • 인권 존중과 정의로운 사회

초등 사회 과목은 3학년부터 시작하는 것처럼 보이지만 1, 2학년에서도 통합교과로 사회과 내용이 녹여져 있습니다. 특히 초등 사회 교과의 성격상 3, 4학년부터 아이들의 일상생활과 밀접한 관련이 있는 것을 소재로 삼아 개념을 학습하도록 합니다. 직접 경험하는 사회의 형태와 공간에 대하여 배우기 때문에 아이들이 흥미를 느낍니다.

초등 3, 4학년 시기는 아이가 사는 동네, 학교 주변, 고장, 지역에서 보고, 듣고, 경험하는 모든 것이 배움의 소재가 됩니다. 교과서 내용을 아이의 생활과 연결하여 이해하면 공부에 흥미를 느낄 뿐만 아니라, 개념을 정확히 이해하는 데 도움이 됩니다.

이 시기의 아이들은 엄마와 함께 길거리를 지나다가 유리창에 폐업, 임대라고 적힌 텅 빈 상가를 보며 왜 비어 있냐고 궁금해하기도 하고, 마트에는 왜 1+1 하는 물건이 많은지 묻기도 합니다. 이러한 궁금증은 아이가 유별나서가 아닙니다. 초등학교 3, 4학년 시기에 사고의 확장이 활발하게 일어나고 있다는 증거입니다. 이러한 궁금증이 경제 개념에 관한 관심으로 이어지고 개념을 익히는 데 큰 도움이 됩니다.

우리 주변에서 일어나는 경제활동을 떠올려 보세요. 돈을 쓰는 행위, 물건을 사고파는 것뿐만 아니라, 휘발유 가격이 더 싼 주유소를 찾아가는 것, 중고 거래 플랫폼에 어린 시절 가지고 놀던 아이의 오래된 레고를 내놓는 일, 나아가 프랜차이즈 레스토랑은 왜 모든 매장마다 같은 색깔, 같은 메뉴일지 생각해 보는 것 등이 모두 경제활동이라고 할 수 있습니다. 세상을 향한 내 아이의 호기심을 주의 깊게 살펴보세요. 아이가 접하는 일상의 정보는 아이의 경제 개념을 형성하는 데 기초가 됩니다.

초등학교 3, 4학년 자녀를 두고 있거나 앞으로 초등학교 3, 4학년이 되는 자녀를 키우는 부모라면, 아이를 어떻게 안내해야 할까요?

주유소마다 다른 기름 값을 비교하는 것도 경제 사고력을 키우는 활동이다.

프랜차이즈의 매장을 어떻게 꾸며 놓았는지, 프랜차이즈 매장마다 동일한 인테리어를 적용하는
이유 등을 고민해 보면서 경제 사고력을 키울 수 있다.

사회심리학자 애덤 갈린스키의 부모발달이론에 따르면, 초등학생
시기는 '설명 단계'입니다.

경제에 대해 제대로 아는 자녀로 키우려면, 부모와의 대화가 먼저입니다

부모는 아이가 보는 세상의 전부입니다. 부모야말로 아이가 일상생활에서 겪게 되는 모든 경제활동을 아이의 눈높이에 맞추어 설명해 주고 대화해 볼 수 있는 존재입니다. 아이의 질문에 대한 부모의 답변에 따라 아이는 세상과 사물의 이치를 알아가고 사고력이 확장됩니다.

예를 들어 아이가 이렇게 물었을 때 대화를 어떻게 이끌어 가면 좋을까요?

　　엄마아빠는 왜 아침마다 회사에 가? 나는 아빠랑 더 있고 싶어.

아이의 말에 다음과 같이 답한다면 어떨까요?

　　오늘도 너 학원비 벌러 가지, 별걸 다 묻네.
　　네 아빠가 더 벌어오면 엄마가 이렇게 일 안 해도 돼. 위층 사는
　　민이네 아빠는 돈을 잘 번다더라.

이런 식의 답변을 듣는다면 아이는 더 묻고 싶지도, 부모와 대화하고 싶지도 않을 것입니다. 특히 경제활동과 관련되거나 직접적으로 돈에 관련된 질문을 들은 상당수의 부모는 예민해져서 괜히 화를

내거나 수치심을 느끼게 되면서 서둘러 결론을 짓지요. 더 이상의
발전적인 대화나 사고력 확장의 기회는 일어나지 않게 됩니다.

만약 아이의 이러한 질문을 사고 확장을 돕는 대화의 물꼬로 삼으
면 어떨까요?

> 엄마: 엄마아빠도 너와 침대에 누워서 포근한 이불 덮고 더 자면
> 얼마나 좋을까? 엄마아빠가 왜 아침마다 옷을 입고 일하러
> 갈까? 약속된 시간에 맞춰 직장에 가는 건 시간과 돈을 바꾸는
> 거야. 일터에서 정해진 시간 동안 일하고 매달 급여를 받지.
> 그걸 월급이라고 해. 그렇게 돈을 벌면 먹을 것을 사고, 옷을
> 사고, 우리 가족이 필요한 것을 살 수 있어. 번 돈을 모아서
> 집도 사고 자동차를 사기도 하지.
>
> 아이: 엄마 아빠 말고 다른 사람이 일해도 되잖아. 사장님도 있고.
>
> 엄마: 회사의 사장님이 회사를 차렸다고 해 보자. 회사가 잘 될
> 수록 할 일이 많아져. 그 일을 혼자 하기가 어려우니까 각각의
> 일을 쪼개서 그 일을 잘할 수 있는 사람에게 맡기고 돈을 주기
> 로 했어. 엄마아빠는 열심히 공부하고 실력을 쌓아서 그 회사
> 에서 일할 수 있는 능력을 갖추었고, 그 일을 하겠다고 했어.
> 그렇게 회사와 엄마아빠는 돈과 능력을 서로 교환하게 된 거
> 야. 회사가 클수록 일이 많아서 사람을 많이 두게 되고, 직원
> 들이 맡은 일을 열심히 하면 회사에 더 이익이 나고, 사장님은

그 이익 중 일부를 직원들에게 월급으로 준단다. 직원들은 열심히 일하고 약속된 월급을 받게 되는 거지.

아이: 근데 엄마아빠가 매일 일하러 가는 건 싫어. 어쩔 땐 나랑 같이 아침에도 있어 주고, 어린이집에도 일찍 데리러 오면 좋겠어.

엄마: 직장은 일하는 시간이 정해져 있어. 학교에 9시까지 등교하는 것처럼 직장은 그 시간을 잘 지켜서 일하겠다고 약속하는 거야. 작은 약속이라고 해서 함부로 어기면 큰 약속도 쉽게 지키지 못한다고 이야기했던 거 기억나지?

아이: 알아, 알아. 그래서 엄마아빠는 일하러 가는 거구나.

엄마: 엄마아빠도 너와 함께 있는 시간을 많이 가지고 싶어. 엄마 아빠의 일하는 시간을 줄이고도 돈을 버는 방법은 없을까?

실제로 제가 아이와 나눈 대화입니다. 현실을 아이들의 눈높이에 맞게 설명하면서 세상을 안내하면 어떨까요? 자녀가 호기심을 갖고 질문을 하면, 그게 무엇이든 '이때다!' 기회를 잡아 보세요. 별것 아닌 듯한 이 호기심을 잘 기르는 것이 중요합니다. 호기심이 관심을 만들고, 깊은 몰입을 가능하게 하기 때문입니다. 질문을 통해 현실 세계로 한 걸음씩 안내해 주세요.

왜 비싼 물건을 사면 안 돼?

은행에서는 무슨 일을 해?

카드는 돈이 아닌데 어떻게 계산하는 거야?

어느 날 아이가 묻는다면 이렇게 되물어보세요.

네 생각에는 왜 그런 것 같아?

아이가 정답을 말하지 않아도 되고, 부모도 정답만 알려주려고 고집하지 않아도 됩니다. 중요한 것은 아이가 일상에서 원인과 결과를 연결 지어 보는 사고를 한다는 것이지요. 부모의 질문을 계기로 경제에 대한 아이의 생각이 깊어집니다. 생각이 더 크고 두터워집니다. 이 크기와 두께가 경제 초보와 고수의 차이를 만듭니다. 깊이 있는 경제적 사고력으로 남들과 똑같은 세상을 살면서도 아이는 더 많은 것을 생각하고, 다르게 느낄 수 있게 됩니다.

친구가 사는 아파트 평수를 비교할 수 있고, 입은 브랜드를 비교하거나, 다니는 학원을 비교하면서 좀 민망하다 싶은 주제의 질문을 할 수도 있습니다. 이것을 돈을 밝히는 아이가 아닌 경제활동으로 이어지는 대화로 확장시켜 보세요. 아이의 궁금증을 바른 방향으로 길잡이해 주면 성장의 계기가 됩니다.

경제에 대해 제대로 아는 아이로 키우기 위해서는 부모의 믿음이 필요합니다. 내 아이가 군이 부자가 되기를 바라지 않는다고 해도,

경제에 대해 제대로 아는 것 자체를 거부해서는 안 됩니다. 물론 아이가 돈에 대해 잘 알게 된다고 해서 반드시 부자가 되는 것도 아니죠. 그러나 적어도 돈을 관리할 줄 아는 아이가 됩니다. 경제의 물결에 쫓기는 것이 아니라 깊이 있게 이해하고 자신의 삶을 주도할 수 있게 됩니다. 그것이 부에 관한 생각을 물려받은 이들이죠. 내 아이가 부자가 될 수 있고, 돈을 잘 이해하는 아이로 클 것이라고 믿는 부모라면 경제 교육을 시킬 것입니다. 부모의 그런 믿음 아래에서 건강한 부자도 나온다고 믿습니다.

자녀교육서《부모의 길, 체인지》(정명애, 한겨레에듀)에서 저자는 부모의 역할과 상호작용으로 다음과 같은 방법을 제시했습니다. 자녀를 현실 세계로 안내하기, 당면한 문제와 과업을 일깨우고 안내하기, 세상과 사물의 이치 설명해 주기, 자녀와의 갈등은 대화로 해결하기, 평등한 수평관계로 발전시켜 나가기 등입니다. 경제 교육과 습관 형성에 있어서도 이 방법들은 중요합니다. 특히 11세 이상의 아이들은 세상에 대한 호기심이 시작되는 시기이므로 그 모습을 있는 그대로 받아 주어 현실로 자연스럽게 안내해 주세요. 그리고 위에서 다룬 대화와 믿음의 도구로 성장의 발판을 마련해 주세요. 11세는 경제에 눈을 뜰 가장 좋은 적기입니다.

초등 자녀를 위한
핵심 경제 개념 1단계(초보)

교환 가치 개념 이해시키기

4학년 국어 3단원에 나오는 설명글 〈돈은 왜 만들었을까?〉를 읽으며 아이들의 생각을 듣고 나누던 중이었습니다. 먼 옛날에는 물건과 물건을 직접 맞바꾸는 물물 교환을 했습니다. 하지만 이 방식은 여러 가지로 불편함을 만들었죠. 이 상황을 두고 물물 교환의 불편한 점은 무엇인지 아이들에게 물었습니다.

> 지나: 물건을 힘들게 들고 다녀야 해요. 만약에 사냥꾼이 곰 가죽
> 을 어부의 고등어랑 바꾸고 싶다면 어부를 만나러 갈 때까지
> 무거운 곰 가죽을 들고 다녀야 해요.
> 민성: 어부가 농부의 쌀과 고등어를 바꾸고 싶은데 농부가 약속

한 시간보다 늦게 오면 고등어가 상할 수 있어요. 그러면 농부

가 쌀과 고등어를 바꾸고 싶지 않을 거예요.

지원: 서로 원하는 물건이 달라서 교환이 이루어지지 않을 수 있

어요. 쌀을 가져온 농부가 어부의 고등어와 맞바꾸려면 어부

역시 쌀을 원해야 하는데, 쌀이 안 필요하고 고구마가 필요할

수도 있어요.

아이들의 답이 다 맞습니다. 그래서 사람들은 생각해냈습니다. 물건의 가격을 매길 수 있으면서 모두가 약속하여 사용할 수 있는 것은 없을까 하고요. 그것이 바로 돈, 화폐입니다. 물건을 사고팔 수 있는 수단으로 돈이 탄생했습니다. 평소 돈의 개념을 쉽게 설명할 기회가 없었는데 교과 수업시간에 교과서 지문을 통해 다룰 수 있어서 참 다행이라고 생각했습니다. 아이들의 눈높이에서 쉽게 설명하고 친구들과 경험과 생각을 나누다 보니 돈의 개념을 더 구체적으로 알게 되었습니다. 우리 아이가 돈에 관하여 생각해 보도록 다음과 같이 질문해 보세요.

• 사람들이 돈을 왜 만들었을까?

답변 예) "내가 가지고 있는 물건도 있고 필요한 물건도 있는데 그것을 바꾸는 것이 물물교환이에요. 근데 매번 물건을 들고 다니기는 불편하니까 모두가 똑같은 수단을 쓰기로 약속했어요. 그게 바로 돈

이에요. 옛날에는 조개껍데기나 황금 같은 기존에 있던 물건으로 서로 약속했다면, 지금은 종이나 금속으로 돈을 만들어서 사용해요."

• 너에게 가장 소중한 물건이 있어? 그것을 다른 것과 바꾼다면 무엇을 몇 개로 바꿀 수 있을까?

답변 예) "저는 최근에 수정이와 맞춰서 산 우정 팔찌가 가장 소중해요. 수정이는 4학년이 되어 처음 알게 된 친구인데, 먼저 말을 걸어 주고 제 마음을 잘 공감해 주어 친해졌어요. 주말에 수정이와 플리마켓을 구경하다 둘 다 마음에 쏙 드는 팔찌가 있어 커플로 맞췄어요. 만약 이 우정 팔찌를 다른 것과 바꿔야 한다면, 마카롱 10개와 바꿀 수 있어요. 제가 세상에서 가장 좋아하는 간식이 마카롱이거든요."

답변 예) "가장 아끼는 물건은 바로 애착인형 '곰곰이'입니다. 제가 걷기 시작할 때부터 저와 함께해 주었어요. 저에게는 둘도 없는 소중한 인형이랍니다. 잠잘 때도, 여행 갈 때도 '곰곰이'가 없으면 4학년인 지금도 아직 잘 못 자요. 만약 '곰곰이'와 다른 것을 바꿔야 한다면… 선택하기 너무 어렵네요. 무조건 꼭 골라야 한다면 최근에 용돈을 모아서 산 배드민턴 채입니다. 하지만 '곰곰이'가 너무 소중해서 배드민턴 채 4개는 되어야 하겠는데요?"

답변 예) "저는 엄마가 가장 소중한데, 무엇과 바꿔야 할지 도저히 모르겠어요. 세상에서 비교할 수 없어요."

수요와 공급, 희소성의 원리 이해시키기

　긴장감 넘치고 떨리는 3월 초, 전학 온 아이가 있었습니다. 마스크를 끼고 수업을 듣는 아이들의 표정을 읽기는 참 어렵습니다. 그 아이는 특히 그랬습니다. 지난 10년간 아이들을 웃겨 주는 이야기로 메가 히트를 친 '응가 싸기 대회' 이야기를 해도, 무기력한 아이들 눈 번쩍 뜨게 하는 특효약처럼 재미난 '어린 시절 흑역사'(제가 어린 시절 짝사랑하는 남자아이 앞에서 재채기하다 누런 콧물로 풍선 불었던) 이야기를 해도 큰 반응이 없는 시큰둥한 표정의 아이였습니다. 마스크 너머의 무표정한 얼굴을 보면 10년의 초등 교사 경력이 민망하기 그지없었습니다. 그럴 때면 아무렇지도 않은 듯 서둘러 수업을 시작하고 애꿎은 분필을 꽉꽉 눌러가며 판서를 했지요.

　주제 글쓰기 발표 날인 수요일 아침이었습니다. 그 아이의 차례가 오자, 만난 지 30일 만에 처음으로 그 아이는 흥분한 큰 목소리로 발표했습니다.

　"내 첫 번째 소원은 '토미카 람보르기니 아벤타도르 LP 700-4 경찰차'를 갖는 것이다. 선생님, 이거 한정판이에요!"

　보석 전시장에서 만난 다이아몬드처럼 반짝이는, 아니 번쩍이는 아이의 눈빛을 보니 얼마나 간절히 원하는지 알겠더라고요. 이때를 놓칠 수 없지요. 아이들에게 질문을 던져 주었습니다.

교사: 여러분, 한정판의 의미는 무엇일까요? 게임할 때 '레어템'
   이라는 말을 들어본 적 있나요? 레어 rare 는 '희귀하다/진귀
   하다'라는 뜻이지요. 팔려는 물건의 양을 '공급'이라고 합니다.
   이렇게 사고 싶은 마음을 가진 사람을 '수요'라고 합니다. 그
   렇다면 사고 싶은 사람은 많은데 물건이 귀하면 가격은 어떻
   게 될까요?

아이들: 비싸져요.

아이들: 더 많은 돈을 주고 사요.

아이들: 더 사고 싶어져요.

교사: 반대로, 몇 년 전 한정판으로 팔던 과자인 '허니버○칩' 기
   억하나요? 사람들 사이에서 입소문이 날 정도로 달콤 짭짤한
   맛의 환상적인 조화였지요. 이 과자가 너무 잘 팔리자, 회사에
   서 더 많은 공장을 지어 과자를 많이 생산했어요. 이제 대부분
   의 사람이 과자의 맛을 보았습니다. 동네 마트, 편의점 사장님
   은 더 많은 사람에게 팔기 위해 더 많은 과자를 가져다 놓았고
   요. 이제는 가격이 어떻게 될까요?

아이들: 또 먹고 싶은 사람은 살 것 같아요.

아이들: 한 번 맛봤으니 이젠 안 사 먹을 것 같아요.

교사: 이렇게, 생산한 과자는 많은데 사는 사람이 적어지면 물건
   의 가격은 떨어집니다. 그래서 할인 판매를 하는 거예요. 수요
   와 공급에 따라 시장 가격과 거래량이 결정되는 것을 '수요와

공급의 원리'라고 합니다.

코로나19로 대란을 겪었던 2020년, 약국 앞에서 마스크를 사기 위해 기다리던 대기줄을 떠올려 보세요. 한 장당 얼마에 구매했는지 기억하나요? 사고 싶은 사람의 수요에 비해 공급량이 적어서 마스크를 사는 시간과 개수까지 정했습니다. 저는 정해진 시간에 사기 위해 약국 앞에 줄도 서보고, 이 약국 저 약국으로 발바닥에 땀 나도록 동분서주하기도 했어요. 온라인 쇼핑몰 대문 사진에는 얄궂게도 일시 품절 공지가 늘 떠 있었죠.

아이와 함께 수요와 공급에 따른 가격의 변화를 일상의 이야기로 나누어 보세요. 장난감, 과자, 포토카드, 콘서트 굿즈, 한정판 장난감 등 이야기를 나눠볼 만한 소재는 무궁무진합니다. 우리가 경험하는 시장의 원리는 대부분 수요와 공급의 원리로 이루어져 있거든요.

규모의 경제 원리 이해시키기

제가 경영하는 학급에서는 매일 아침 독서 시간을 가집니다. 독서 습관은 아무리 강조해도 지나치지 않죠. 매일 아침 10분 이상 찐한 독서 시간을 갖는 우리 아이들에게 담임교사로서 칭찬과 함께 무언가라도 주고 싶었어요. 그래서 읽은 책의 권수만큼 독서 나무 그림

목표 과제를 잘 이루면 열매 도장을 붙여 주는
독서 나무 그림판. 성취를 눈으로 확인할 수
있어 노력을 지속해 나갈 동기 부여가 된다.

판에 열매 도장을 찍어줍니다.

학기 초 아이들은 각자 정한 목표 독서량을 달성하기 위해 매일 아침 책 읽기에 빠져들지요. 독서 나무 그림판에는 25개의 사과가 비어 있어요. 저는 25개의 사과 열매 도장을 다 채운 아이에게 그간 노력해 온 과정을 크게 칭찬합니다. 그리고 아이가 좋아하는 간식을 스스로 골라 가도록 선택권을 줍니다.

간식 중 과일 맛이 나는 젤리를 유난히 좋아하던 해솔이가 그 젤리를 어디서 파느냐고 저에게 여러 번 물었습니다. 그러더니 평소 생글생글 인사하며 등교하던 해솔이가 그날 아침에는 신발장에 실내화 주머니를 던진다고 해야 할지, 처박는다고 해야 할지 애매하다고 느낄 만큼 다급하게, 빛의 속도로 달려와 이야기보따리를 풉니다.

해솔: 선생님, 선생님, 그 젤리 너무 맛있어서 동네 슈퍼에서 사
  먹었어요!
교사: 그래? 동네 슈퍼에도 팔고 있나 보네. 한 봉지에 얼마였어?
해솔: 한 봉지에 500원이요.
교사: 그렇구나. 선생님은 인터넷에서 100봉지 들어 있는 1상자

를 23,850원에 샀는데. 참, 배송비 3,000원이니까 다 합해서
26,850원에 샀구나.

해솔: 그럼 한 봉지에는 얼마예요?

교사: 26,850 ÷ 100 = 268.5니까 한 봉지에는 270원 정도 하네.

해솔: 헐, 우리 동네 슈퍼 사장님 완전 사기꾼이다. 다시는 안 사
먹을래요.

아이의 얼굴이 붉으락푸르락 닳아 오릅니다. 거의 두 배 가까운 가격을 주고 한 봉지를 사 먹은 아이는 다시는 안 사 먹는다며 씩씩댔습니다. 동네 슈퍼 사장님은 정말 사기꾼일까요?

동네 슈퍼 사장님은 도매형 대형마트, 남대문시장, 동대문시장, 인터넷 쇼핑몰과 같은 큰 시장에서 물건을 사 옵니다. 그리고 가게에 종류대로 아이들이 좋아하는 물건들을 조금씩 가져다 놓고 좀 더 가격을 붙여 팔지요. 이것을 '소매'라고 합니다.

참고로 도매는 상품이나 서비스를 제조업자, 도매업자, 소매업자에게 판매하는 행위고, 소매는 소매업자와 상품 소비자 간의 상품판매 거래입니다. 소매는 특히 소비자 용품을 최종의 일반 소비자에게 소매가격으로 공급하는 것을 업무로 하는 상업을 말합니다.

아이가 뾰로통한 표정을 지으며 물어봅니다.

해솔: 왜 젤리를 더 비싸게 팔아요?

교사: 물건을 사 올 때 드는 노력에 대한 비용이지. 그것을 이윤이라고 해. 물건을 사러 가고 올 때 차를 가지고 가니까 기름 값이 들어. 시간도 들지. 손님들이 좋아하고 잘 팔릴 만한 물건을 고르고 찾는 수고비도 포함해야 하고. 그렇게 이윤을 남겨야 마트를 운영할 때 드는 전기세, 임대료, 인건비 등을 마련할수 있어.

해솔: 근데 한 봉지로 사면 너무 비싸서 이제 안 사 먹고 싶어요.

아이와 나눈 이야기를 들은 학급 친구들이 이에 질세라 끼어들며 자신의 생각을 툭툭 던집니다.

영철: 저도 100봉지 사서 500원에 팔래요.

교사: 한꺼번에 많은 양을 사면 싸게 살 수 있는 이로움이 있지만, 불필요하게 많은 양을 사면 낭비가 될 수 있어. 이렇게 물건을 살 때는 이윤과 필요한 수량을 잘 생각하고 사야 한단다.

아이들에게 현명한 소비에 대해 목청껏 가르쳤지만, 초등교사인 저도 가르치는 대로 행동하지 못한 적이 많습니다. 최근에 창고형 마트에서 머핀 6개 1세트가 1+1 행사를 하지 뭐예요. 머핀 개당 1천 원도 안 되는 가격에 눈이 돌아갔습니다. 너무 좋아 물개박수를 치며 쓸어 담았어요. 다음 날, 주변 사람들에게 콧노래 부르며 후한 인심을 베풀었습니다. 마치 제가 멋진 인생을 사는 사람이 된 것 같은 착각도 들었어요. 하지만 그렇게 나누고도 처리 못 한 머핀이 식탁에 가득 쌓였고, 꾸역꾸역 먹다 목까지 찬 머핀을 다시는, 절대로 안 사겠노라고 후회했습니다.

저와 비슷한 경험, 다들 있나요? 저도 늘 현명한 소비를 하지는 못합니다. 하지만 경험을 통해 배웁니다. 아이와 함께 이야기 나누어 보세요. 동네 마트에 갔을 때 평소 아이가 꼭 사달라던 물건이 있다면 그 물건의 가격을 인터넷에서 찾아보세요. 도매가와 소매가도 확인해 봅니다. 비싸지만 적은 양으로 사는 것이 좋은지, 많지만 싼 가격에 사는 것이 좋은지 아이와 이야기를 나누어 보세요.

평소에 마트에서 아이에게 습관적으로 사주던 물건들에 대해 소매로 살 때 좋은 점, 도매로 살 때 좋은 점을 나누면 돈에 대한 감각뿐 아니라 물건을 파는 사람의 입장에서 사고하면서 시야가 넓어질 거예요. 이런 고민 끝에 저는 주로 유통기한이 짧은 식료품은 소매로 적은 양을 자주 사고, 휴지나 세제 같은 생필품은 도매로 한 번에 사두고는 합니다.

초등 자녀를 위한 핵심 경제 개념 2단계(고수)

노동의 가치 이해시키기

살아가는 데 필요한 돈을 벌기 위해 사람들은 자신의 적성과 능력을 고려하여 다양한 일을 합니다. 경제활동의 대가로 얻는 돈을 '소득'이라고 합니다. 소득은 얻는 방법에 따라 크게 세 가지로 나눌 수 있습니다.

'근로소득'은 국가, 회사에 소속되어 노동력을 제공한 대가로 받는 돈입니다. 쉽게 말해 월급이라고 하지요. '사업소득'은 스스로 사장이 되어 회사를 경영하거나 농사와 장사 등의 사업을 해서 버는 소득입니다. '자본소득'은 재산의 소유자가 그 재산 즉, 금융자산, 토지, 무형자산을 이용하여 얻는 소득으로 이자, 배당 등이 있습니다.

근로소득 개념을 활용하면 용돈 정하기의 룰을 만들 수 있습니다.

10대에는 돈 버는 원리를 배우기가 쉽지 않습니다. 돈 버는 경험은 집안일과 같은 근로를 통해 할 수 있는 시기입니다. 일반적으로 가정에서 집안일과 용돈을 연결하여 활용하고 있는데, 먼저 아이와 마주 앉아 노동력이 필요한 집안일에는 어떤 것이 있는지 쭉 써보세요. 단, 아이 스스로 해야 하는 일과 누군가의 노동력이 필요한 일을 구분합니다.

■ 용돈을 받을 만한 일과 스스로 해야 하는 일 구분하기의 예

스스로 해야 하는 일	근로(노동력 제공)
책상 정리	분리수거 하기
이부자리 정리	동생 공부 가르쳐 주기(주1회 30분)
책가방 챙기기	신발장 정리하기
숙제하기	빨래 걷고 개기
빌린 책 반납하기	장 본 물건 정리하기
갈아입은 옷 빨래통에 넣기	거실 청소기 돌리기
식사시간에 상차리기 돕기	아빠 10분 안마해 드리기
다 먹은 내 그릇 싱크대에 넣기	마트에 심부름 다녀오기

다음으로는 아이와 상의하여 노동력이 필요한 일에 난이도를 매겨보세요. 그 난이도에 따라 용돈의 분량을 정하면 좋아요. 학급 규칙을 정할 때도 학생들이 학급 회의를 거쳐 정했을 때 아이들 스스로 규칙을 훨씬 잘 지키거든요. 용돈 규칙을 정할 때도 아이와 회의

를 통해 아이들 기준에서 인내심이 필요하거나 어렵다고 느끼는 것이 무엇인지 이야기를 나누어 보세요. 일의 난이도에 따라 차등을 두어 용돈을 정하면 실제적인 용돈 규칙을 정할 수 있습니다.

■ **용돈 액수 정하기의 예**

근로(노동력 제공)	난이도	금액
분리수거 하기	★★★	300원
동생 공부 가르쳐 주기(주1회 30분)	★★★★★	1,000원
신발장 정리하기	★★	200원
빨래 걷고 개기	★★★	300원
장 본 물건 정리하기	★★★	300원
거실 청소기 돌리기	★★★	300원
아빠 10분 안마해 드리기	★★★	300원
마트에 심부름 다녀오기	★★★★	400원

돈을 벌기 위해서는 그만큼의 대가를 치러야 합니다. 냉정하게 들리지만 그것이 현실이지요. 세계적인 재력가들은 입을 모아 말합니다. 어린 시절, 노동을 통해 소득을 얻은 경험이 훗날 부자가 된 원동력이 되었다고요. 아이들이 집안일을 하며 용돈을 받는 경험은 중요합니다. 그것을 통해 아이들은 세상을 살아가는 방법을 깨닫습니다. 더불어 부모의 수고를 알아준다면 더할 나위 없는 교육이지요. 단, 주의사항이 있습니다.

첫째, 아이들이 하는 집안일이 다 끝날 때까지 잔소리하거나, 핀잔을 주지 마세요.

아이들이 하는 일이 내 기준에 안 차더라도 기다려 주세요. 사실 부모님도 아이의 나이 때에는 설거지를 지금처럼 뽀득뽀득하게 잘하지 못했던 것 인정하시죠? 어른이 되어서야 비로소 잘하게 되었음을 알 것입니다. 아이들 스스로 하는 경험이 쌓이면서 생활 경험치도 쌓여 비로소 어른이 됩니다. 우리도 그렇게 자랐습니다. 세상에는 어른이지만 기본적인 생활 습관이 제대로 자리 잡히지 못한 채 겉모습만 어른인 사람도 많으니까요.

둘째, 아이와의 약속을 지키세요.

그동안 집안일을 하며 꾸준히 모은 용돈을 그때그때 주거나, 일정한 날에 정산하는 것을 일관성 있게 지켜주세요. 경제활동에서 가장 중요한 신뢰의 가치를 부모로부터 배웁니다.

아이의 경제 교육의 본질적인 목적은 부자가 되는 것이 아닙니다. 어린 나이부터 경제활동을 경험하고 스스로 돈을 통제하여 경제에 대한 올바른 가치관을 기르는 데 있습니다.

저축과 목표 설정의 중요성 알려주기

매사에 무엇이든 열심히 하는 아이가 있습니다. 발표도 수업 참여도 늘 적극적이죠. 그 아이의 표정이 오늘 유난히 어둡습니다. 일기를 보니 닌텐도 스위치를 사는 것이 목표라고 합니다. 여러 가지 이유로 바깥 활동이 어려워 운동을 거의 못 하게 되었는데, 게임을 하면서 운동도 할 수 있다는 아이의 주장에 저까지 솔깃해져 사고 싶을 정도였어요. 하지만 값이 비싸서 한 달 용돈으로는 도저히 살 수 없다며 시무룩한 아이의 일기를 보며 저는 생각에 잠겼습니다. 이 아이가 닌텐도 스위치를 사려면 어떻게 해야 할까요? 저축해야 합니다. 큰돈을 마련하기 위해 저축에도 '계획'을 정하는 것이 좋습니다.

'내가 갖고 싶은 것의 가격이 10만 원이니까 매달 1만 원씩 저축해서 열 달 후에 사야지.'

이렇게 저축 계획을 세우고 매달 꼬박꼬박 저축하면 원하는 물건을 살 수 있습니다. 원하는 물건을 사고 싶다면 저축 목표와 계획을 세우는 것이 좋습니다. 계획에 따라 저축한 사람은 물건을 살 수 있지만 비싸서 포기한 사람은 원하는 물건을 살 수 없습니다. 부모도 세탁기, 자동차, 집 등을 구매하기 위한 목적의 저축 계획을 세우고 있다는 사실을 아이와 허심탄회하게 나누어 보는 것은 어떨까요? 우리 집의 커다란 목표를 위해 가족 구성원 모두 함께 노력한다는 사실을 일깨워 줄 수 있습니다.

아이의 일기를 읽고 문득 궁금해졌습니다.

"여러분의 용돈은 누가 관리하나요?"

저의 질문에 교실 속 아이들의 반응이 제각각입니다. 그런데 생각보다 많은 아이가 부모님이 관리한다고 하더군요. 자기 통장이 있는지 없는지 모르는 아이도 많았습니다. 아이들이 돈에 대해 잘 모를 때는 부모가 관리해 주는 것이 일반적이긴 합니다. 하지만 부모가 된 우리도 돈 관리를 어떻게 하는지 여태껏 제대로 배운 적이 없습니다. 아이 전집 사느라 쓰고, 이사하면서 아이 침대 바꾸고, 여기저기 목돈이 들어갈 데가 왜 이렇게 많은지 모르겠어요. 매달 들어오는 아동수당도 꾸준히 모았다면 몇 년치가 꽤 쌓였을 텐데 말이죠.

돈은 부모가 모아 주는 것이 아니라, 자녀가 직접 모아야 합니다. 돈을 잘 버는 것이 중요하듯 번 돈을 잘 모으면 나중에 아주 큰 것을 살 수 있다는 개념을 아는 것도 중요합니다. 그리고 큰돈이 모여 자산을 형성할 수 있다는 것도요. 돈을 쌓아두는 것이 저축은 아니에요. 주머니가 여러 개 달려 수납 기능이 좋은 가방에는 다양한 물건을 쏙쏙 넣을 수 있듯이 저축 관리도 용도에 따라 구분하면 좋습니다.

저축할 때 목적에 따라 통장을 나눌 수 있습니다. 여러 가지 방법이 있지만 크게 소비통장, 꿈통장(투자), 기부통장, 황금거위통장(자산)으로 나누는 방법을 소개할게요.

위에 제시한 통장 중 황금거위통장을 제외한 소비통장, 꿈통장, 기부통장은 어릴 때는 은행통장보다는 저금통을 이용하여 돈을 만져보면서 쓰고 모아 보는 것을 추천합니다. 시중에 파는 예쁜 저금통을 사거나 직접 만들어 보아도 좋습니다. 어떤 모양의 저금통도 가능해요. 단, 돈을 넣고 빼는 것이 가능해야 합니다.

만약 아이가 오랜만에 할아버지를 만나 뵙고 용돈 3만 원을 받았다면, 3만 원을 세 가지 통장에 자신이 넣고 싶은 비중으로 넣게 합니다. 예를 들면 소비통장 5천 원, 꿈통장 만 원, 기부통장 5천 원, 황금거위통장 만 원으로요. 통장의 개념만 설명해 주시고 통장에 넣는 비중은 아이가 스스로 결정하도록 하세요. 아이만의 분명한 이유가 있을 거예요.

'소비통장'은 순수하게 소비를 위한 것입니다. 먹고 싶은 간식, 친구 생일 선물, 모바일 이모티콘, 기프트카드 등을 구매할 수 있지요. 소비통장이 순수한 소비를 위한 것인 만큼 소비통장이 0원이 되면 절대 다른 통장에서 꺼내어 쓸 수 없습니다. 그러니 내가 나중에 친구 생일 선물을 사주기 위해 오늘은 떡볶이를 참아야 할 때가 생길 수 있어요. 이 과정을 통해 소비를 통제하고 계획적인 소비를 할 수 있습니다.

'꿈통장'은 투자용 통장을 말합니다. 아이의 미래에 투자하는 것이 수익률 200% 이상의 멋진 투자가 아닐까요? 꿈통장은 아이의 꿈을 위한 소비와 저축입니다. 저는 학급 아이들에게 꿈통장의 개념에 대해 설명해 주었고, 동참해 보고 싶은 사람은 해보라고 권유한 적이 있습니다. 며칠이 지나고 아이들의 일기장에는 여러 에피소드들이 적혀 있었습니다.

동화 작가가 되고 싶은 아이는 작가가 되기 위한 꿈통장을 만들었습니다. 좋아하는 책을 사기 위해 꿈통장에 돈을 모읍니다. 서점에 좋아하는 작가의 신간이 나오자 꿈통장에서 돈을 꺼내어 썼습니다. 아이는 연필로 글을 쓰는 것보다 키보드로 글을 쓰는 것이 재미있었습니다. 그래서 글을 더 편리하고 쉽게 쓰기 위한 투자로 과감히 최신형 키보드를 구매했습니다. 꿈통장을 이용하여 글쓰기 강의의 수강료를 마련하겠다는 구체적이며 단계적 목표를 두고 돈을 모을 수도 있습니다.

꿈통장이라는 작은 저금통(통장)을 만들었을 뿐인데 뒤따라 오는 것이 있습니다. 바로 목적에 따라 돈을 모으고 쓰는 법을 배우는 것입니다. 덤으로 큰 목표를 위한 세부 목표까지 세우는 능력도 기를 수 있습니다. 꿈통장을 만들기 위해 꿈을 탐색하기 시작하니까요. 구체적인 꿈이 없던 아이라도 관심 갖는 분야를 탐색해 나가는 모습을 보일 것입니다.

'기부통장'은 나눔과 배려를 실천하며 함께 살아가는 사회의 중요성을 인식하고 행동하기 위한 목적으로 만듭니다. 초등 교육과정에서도 세계시민교육, 인권교육을 통해 나눔과 배려의 중요성을 다루고 있습니다. 초록우산재단, 월드비전, 굿네이버스, 컴패션, 아름다운가게 등 아이들이 한 번쯤은 들어보았던 단체에 편지와 함께 1년간 모았던 기부통장을 기부해 보는 것은 어떨까요? 아이는 누군가를 돕는 기쁨을 누구나 누릴 수 있음을 깨닫게 될 것입니다.

'황금거위통장'은 자산을 형성하기 위한 통장입니다. 쉽게 말해 종잣돈을 마련하기 위해 모으는 돈이지요. 황금거위통장에 대한 자세한 소개는 3장의 〈황금알을 낳는 거위 만들기 프로젝트(자산 형성)〉에서 자세히 다루겠습니다.

소비 습관 파악하기

"세 살 버릇 여든까지 간다." 한번 들인 좋은 습관은 평생 갑니다. 사실은 돈을 잘 쓰는 법을 통해 기초적인 경제 원리를 배우는 동시에 탄탄한 경제 습관을 만들 수 있습니다. 소비의 기본원리는 소득의 기본원리로 이어집니다. 돈을 잘 쓰는 법을 탄탄히 배우면 돈 버는 법도 자연스럽게 깨우치게 됩니다. 그래서 미국 금융을 꽉 잡고 있는 유대인은 어릴 적부터 돈 쓰는 법을 체계적으로 가르치지요.

내 아이의 소비 습관을 파악하기 위한 네 가지 질문입니다.

• 아이의 소비 흐름을 파악하고 있나요?

대부분의 부모는 아이의 용돈을 일정한 금액을 정해서 줍니다. 아이마다 사용하는 방식은 제각각이죠. 용돈을 받자마자 일주일 안에 다 쓰는 아이, 한 푼도 안 쓰고 모으는 아이, 하교 후 친구에게 아이스크림이나 떡볶이로 후한 인심 베푸는 아이 등 다양한 유형이 있습니다. 내 아이가 현재 어떤 유형에 속하는지 알고 있나요? 현재 용돈의 잔액은 얼마나 될까요?

• 아이가 계획을 세우고 소비하나요?

공부를 계획하고 저축도 계획을 세워서 하듯이 소비도 계획을 세우는 것이 좋습니다. 이번 달 용돈이 만 원이라면, 셋째 주 금요일에 친구의 생일이 있으니 첫째, 둘째 주에는 사고 싶은 젤리를 참고 무인 아이스크림 할인점도 눈 딱 감고 지나가기로 하는 거죠. 아이가 계획을 세워 소비하고 있나요?

• 아이가 감정적으로 소비하나요? 한다면 한 달에 몇 번 정도인가요?

아이가 먹방 유튜브를 보다 말합니다. "엄마, 오늘 저녁에는 떡볶이를 먹어야겠어." 아이 가방을 정리하는데 못 보던 잡다한 물건들이 쏟아져 나옵니다. 무슨 일인지 묻자 아이가 답합니다. "문방구 지나다 그냥 샀어." 어른들도 가끔은 감정적인 이유로 충동구매를 합니다. 우리 아이도 충동구매 할 수 있어요. 하지만 그 횟수가 잦은지 점검해 볼 필요가 있습니다.

• 아이가 예산을 정하고 소비하나요?

친구의 생일 선물을 고르러 갔습니다. 선물 가게에서 친구에게 어울릴 만한 물건을 골라봅니다. 친구가 좋아하는 간식을 할지, 예쁜 핀으로 할지, 앙증맞은 볼펜으로 할지 고를 때 스스로 한도를 정해 놓고 고려하는 것인지 관찰해 보세요. 단지 마음에 든다는 이유로 부담스러운 금액의 물건을 쉽게 구매하지는 않나요?

돈이 많은 사람은 소소한 비용을 쉽게 생각할까요? 많은 부자가 주차비 천 원을 낼 때나 송금수수료 오백 원을 꼼꼼히 따져 줄이려 합니다. 물건을 사는 것도 신중하고요. 구입한 물건은 오래 쓸 수 있도록 소중히 다룹니다. 택시보다 BMW(Bus, Metro, Walk)를 탄다는 말도 있듯이 소비를 통제하고 절약하는 습관을 다져서 경제 고수가 되었다고 해도 과언이 아닙니다. '소비 요정'에서 '경제 고수'가 될 수 있도록 올바른 소비 습관을 길러야 합니다.

선택과 결정, 기회비용 이해시키기

치킨이냐, 피자냐. 그것이 문제로다. 금요일 저녁 TV 앞에 가족끼리 모여 앉았는데 저녁 메뉴가 고민됩니다. 두 가지 중 하나를 골라야 해요. 이것도 경제 교육입니다. 저녁 메뉴 정하는 것이 무슨 경제 교육이냐고요? 선택과 결정은 올바른 경제적 사고력을 기를 수 있는 첫 단추입니다. 우리는 인생을 살아가면서 수많은 선택과 결정을 내리지요. 선택하는 기준은 개인마다 다릅니다. 그 선택에 따라 되돌릴

4학년 교과서에는 올바른 경제적 사고력을 기를 수 있는 선택과 결정에 대해 다루고 있다.
(초등 4학년 2학기 사회 2020 개정 국정교과서)

수 없는 결과가 따릅니다. 4학년 2학기 사회 과목의 한 단원인 〈경제 활동과 현명한 선택〉에서도 선택의 문제를 겪었던 경험을 떠올리도록 구성되어 있습니다.

일상생활에서 선택의 문제가 발생하는 이유는 사람이 쓸 수 있는 돈이나 자원이 한정되어 있기 때문입니다. 이러한 희소성으로 인해 원하는 것을 모두 가질 수 없습니다. 그러므로 용돈과 같이 한정된 금액으로 가장 큰 만족을 얻기 위해서는 신중하게 선택해야 합니다. 신중한 선택이 훗날의 합리적 선택을 위한 토대가 됩니다.

합리적으로 선택하기 위해서는 '기회비용'을 잘 따져 보아야 하는

데, 기회비용이란 어떤 하나를 선택함으로써 포기해야 하는 것의 가치를 의미합니다. 용돈 천 원으로 음료수와 아이스크림을 두고 고민하다가 아이스크림을 선택한다면 기회비용은 음료수를 마시고 느낄 수 있는 만족감입니다. 선택을 통해 얻을 것이라고 기대되는 만족감뿐만 아니라, 선택함으로써 포기하는 것의 가치까지 고려해야 합니다. 합리적인 선택은 만족감을 높일 뿐 아니라, 돈과 자원을 절약하는 효과도 있습니다.

구매할 때에는 여러 가지 기준에 따라 결정합니다. 디자인, 제품의 질, 가격, 성능 중 우선순위를 따집니다. 선택과 결정을 한 뒤 매우 만족스러울 때가 있습니다. 가격 대비 질이 좋거나, 양이 많거나, 가격 대비 음식의 맛이 좋을 때 사람들은 좋은 선택을 했다고 판단합니다. 돈을 쓰고 나서 참 잘 썼다는 만족감은 뿌듯함을 줍니다.

요즘 '가성비'라는 말을 많이 쓰죠. 검색창에 가성비라고 치기만 해도 연관 검색어로 가성비 노트북, 가성비 가방, 심지어 여행 시기가 되니 '가성비 풀빌라'와 같은 수많은 검색어가 추천되었습니다. 이렇게 가성비는 우리 생활에서 꼭 필요한 가치가 되었습니다.

'가성비'는 '가격 대비 성능'을 줄인 말로 어떤 품목이나 상품에 대해 정해진 시장 가격에서 기대할 수 있는 성능이나 효율의 정도를 말합니다. 비슷한 품질이라면 조금이라도 가격이 더 저렴한 것, 또는 같은 가격일 때 더 큰 만족을 줄 수 있는 상품을 찾는 사람이 많아지며 큰 관심을 끌게 되었습니다. 최근에는 가성비는 물론 심리적인 만족감까지 중시하는 소비를 일컬어 '가심心비'라는 말도 등장했습니다.

가성비와 가심비처럼 가격을 기준으로 삼고 만족을 주는 구매도 좋지만, 각자의 기준에 맞춰 합리적으로 소비할 수 있어야 합니다. 아이와 어른 모두 선택을 통해 만족감을 얻습니다. 어릴 때부터 자기 주도적으로 기회비용을 잘 따져 현명하게 선택하도록 연습한다면 자기 인생도 주체적으로 사는 훈련이 됩니다.

초등 자녀를 위한
핵심 경제 개념 3단계(달인)

신용카드의 개념 이해시키기

요즘은 영유아 소꿉놀이 장난감 중에 카드 결제 기능이 있는 단말기가 있습니다. 아이들이 놀이터에서 마트놀이를 할 때도 신용카드 긁는 시늉을 하며 놀더라고요. 어린 시절 장난감 동전, 장난감 지폐로 놀던 세대와는 많이 달라졌습니다. 직사각형 모양의 납작한 플라스틱인 신용카드로 무엇이든 살 수 있습니다.

아이들은 신용카드가 어떻게 돈의 역할을 한다고 생각할까요? 신용카드의 어떤 원리로 물건을 살 수 있는지 학급 아이들에게 물어보았습니다. 알고 있다고 대답한 아이는 반에서 5명 남짓이었습니다. 우리는 공공연하게 신용카드를 사용합니다. 그런데 만약 우리 아이가 신용카드의 개념과 결제 원리를 모르는 채 어른이 된다면 어떻게 될까요? 생각만 해도 아찔합니다.

경제에서 '신용'은 거래한 재화의 대가를 앞으로 치를 수 있음을 보이는 능력입니다. 즉, 신용카드는 내 능력을 믿고 돈을 빌려 주겠다는 신뢰로 이루어진 카드입니다. 좀 더 현실적으로 말하면 신용카드는 미리 돈을 쓰고 약속된 날짜에 갚아야 하는 빚입니다. 만약 약속한 날짜에 갚지 않으면 신용불량자가 될 수 있습니다. 신용불량자가 되면 금융거래가 어려워집니다. 금융거래를 못 하게 되면 일상생활이 어려워져요. 우리의 일상은 금융과 밀접하게 연결되어 있기 때문입니다. 더 이상의 신용카드 사용은 물론, 목돈이 필요해도 대출받기가 어렵고 자기 이름을 가지고는 통장 개설조차 어려워지죠. 그러므로 돈을 무분별하게 쓰지 말고 합리적이고 계획적으로 사용해야 합니다.

이러한 신용은 점수로 평가됩니다. 가령 친구에게 자전거를 빌려 주었다고 생각해 봅시다. 그런데 친구가 빌려 간 자전거를 주기로 한 날짜에 주지 않고 계속 미룬다면 어떤 생각이 드나요? 화가 나기도 하고 그 친구에 대한 신뢰감도 사라지겠죠. 은행도 마찬가지입니다. 돈을 잘 갚지 않은 전력이 있는 사람에게는 돈을 빌려주지 않습니다.

한 사람의 돈에 대한 신뢰도를 숫자로 나타낸 것이 신용점수입니다. 예전에는 신용을 등급으로 나누어 등급제로 평가하였습니다. 2021년 1월 1일부터 신용점수는 0점부터 1,000점까지 점수로 평가

합니다. 기존의 신용등급제에서 변화를 준 이유는 신용등급에 따른 획일적인 대출 거절 관행을 개선하고 저신용층의 금융 접근성을 높이기 위함이라고 합니다. 신용등급제의 경우, 한 등급에 적게는 300만 명에서 많게는 1,000만 명까지 열 가지 큰 범주로 묶이다 보니 개인의 신용을 면밀하게 반영하는 데 한계가 있었습니다. 즉, 상위 등급과 몇 점밖에 차이가 안 나는데 하위 등급으로 결정되어 불이익을 받는 '문턱 현상'이 있었습니다.

신용점수는 신용거래시 연체 유무, 금액, 기간, 다중채무 등을 기준으로 신용평가회사(NICE, KCB)에서 산정합니다. 건강보험료와 같은 4대 보험 납부, 공공요금, 통신비 등 매달 돌아오는 각종 결제 대금이 연체되지 않아야 합니다. 사소한 돈, 적은 돈이 연체된 것이라고 무시하지 마세요. 단 하루라도 연체하지 않아야 합니다.

신용카드뿐만 아니라 체크카드도 연체 없이 잘 사용하여 기록을 남기는 것이 중요합니다. 인터넷과 전화 등을 이용한 대출, 현금 서비스는 신중하게 판단해야 합니다. 신용점수가 낮으면 은행에서 돈을 빌릴 수 없고 신용카드도 만들 수 없습니다. 정말 중요한 일 때문에 대출을 받아야 하는데 평소 신용점수가 낮아 대출을 받을 수 없다면 얼마나 속상할지 생각해 보셨나요? 신용 상태가 좋아야 낮은 금리로 돈을 빌리고 수월하게 돈을 갚아나갈 수 있습니다. 그러므로 평소 신용점수를 잘 관리하는 것이 중요합니다.

금융 전문가들은 종잣돈을 모으는 가장 큰 원칙은 신용카드를 사용하지 않고 체크카드를 쓰는 것에서부터 시작한다고 말합니다. 신용카드는 수입 범위를 넘어서 사용할 수 있고, 먼저 쓰고 나중에 갚는 방식이기에 통제가 어렵습니다. 하지만 신용카드 혜택과 포인트를 생각하면 쓰는 게 이득인 것 같은 착각이 들기도 합니다. 욕망과 기분에는 한도가 없으므로 신용카드를 자주 사용하다 보면 자칫 '오늘만은 쓴다'라는 식의 소비가 되기 십상입니다.

민찬: 준민아, 오늘 너 먹고 싶은 거 내가 다 사줄게. 엄마가 엄카
(엄마 신용카드) 주셨거든.

준민: 뭐? 넌 그게 램프의 지니라도 되는 줄 아니?

민찬: 엄마가 하는 거 보니까 그냥 결제할 때 긁으면 되던데 뭘.

준민: 그건 결국 갚아야 할 돈이야. 쉽게 생각하면 '내가 나중에
갚을게요' 하고 외상하는 거야. 지금 지갑에서 돈이 안 나갈
뿐이지, 미래의 돈을 계속 가져다 쓰는 거야.

민찬: 아, 그래? 그러고 보니, 지금까지 너 말고 다른 친구들한
테도 사주느라 벌써 몇 번 긁었는데… 다 합해서 얼마나 썼더
라…?

준민: 못살아. 오늘은 내 용돈으로 사 먹자. 다음에는 너 엄카 가
져오지 마.

민찬: 알겠어. 넌 내 찐친(진짜 친구)이다!

자본소득의 원리 이해시키기

자본소득은 재산소득이라고도 합니다. 내가 소유한 재산을 타인이 사용한 대가로 받는 소득을 말합니다. 임대소득, 이자소득, 배당소득, 연금소득, 상표 사용료, 인세, 각종 사용료 등이 포함됩니다.

'임대소득'은 기본적으로 주택, 건물, 토지, 기계장비 등의 자산을 빌려주고 받은 소득을 의미합니다. 아이도 전세나 월세라는 말을 들어보고 어렴풋이나마 알기도 합니다. 쉬운 예로 아파트라는 주택이 있다면 계약 기간 동안 높은 보증금을 맡기는 전세와, 매달 사용료를 내고 낮은 보증금을 맡기는 월세의 개념이 있습니다. 참고로 통계청에서는 땅을 빌려주고 받는 토지임대소득만 재산소득에 포함시키고 그 외의 주택, 아파트 등 부동산과 기계장비를 빌려주고 받는 임대소득은 사업소득으로 분류한다고 합니다.

이자소득은 저금이나 채권 등으로 얻은 이자 수입 또는 다른 가구나 사업체에 돈을 빌려주고 받은 이자수입을 의미합니다. 주로 은행에서 다루지요. 하지만 개인이 은행처럼 큰돈을 다른 가구나 사업체에 빌려주고 이자를 받을 수도 있습니다.

배당소득은 어떤 회사의 발전 가능성을 보고 투자하였는데 이익이 났다면, 회사와 약속한 만큼의 비율로 배당이라는 것을 받아 얻게 되는 수입입니다.

마지막으로 상표 사용료, 인세, 각종 사용료가 있습니다. 이러한 소득은 자신의 경험이나 이야기를 종이책이나 전자책으로 내거나 그림과 음악과 같은 예술 창작물 등 특허나 저작권이 있는 자료를 사용하게 해준 대가로 받은 소득을 의미합니다.

이렇게 월급으로 받는 근로소득 외에 다양한 소득의 방법이 있음을 아이에게 알려주는 것은 어떨까요? 맛있는 음식이 차려진 뷔페에 갔는데 평소 김밥이 맛있다고 생각한 아이가 김밥만 가져온다면, 아이를 데리고 스테이크, 디저트 코너를 돌며 새롭고 맛있고 다양한 음식이 있다는 것을 알려주는 것처럼요. 경제활동에는 다양한 방식이 있고 그것을 알아가는 것을 통해 재미와 유익을 얻을 수 있습니다.

누리: 엄마, 꼭 일해야만 돈을 벌 수 있나요?

엄마: 아니, 회사에 소속되어 일한 대가로 받는 근로소득 말고 다른 방법도 있어.

누리: 어떻게요?

엄마: 누리가 좋아하는 애니메이션 회사에 투자해서 그 회사가 이익을 내면 배당소득을 얻을 수 있고, 누리의 경험을 책이나 영상, 음악으로 만들어 많은 사람이 보거나 읽게 하면 저작권료를 받지. 아참, 다섯 살 때부터 저축했던 어린이통장에는 이자가 쌓였겠구나. 그것도 소득이지.

누리: 우와, 다양한 방법으로 돈을 벌 수 있네요.

엄마: 그럼, 세상에는 다양한 경제활동 방식이 존재해. 너도 근로

소득 말고 너의 재능과 관심으로 다양한 방법을 이용하여 소득을 얻을 수 있어.

이자와 대출의 개념 이해시키기

"선생님, 돈이 돈을 낳는다는 말이 무슨 뜻이에요? 얼마 전에 엄마가 친구와 통화하면서 그런 말씀을 하셨어요."

어른들의 이야기에 귀를 쫑긋 세우고 유난히 눈을 반짝이는 아이가 있지요? 그 아이도 그러했습니다. 특히 사회 전반에 오르내리는 이야기에 호기심이 많았습니다. 그런 아이에게 이자의 개념을 설명해 주었습니다.

돈은 생명체가 아닌데 어떻게 돈을 낳을까요? 돈이 돈을 낳게 하려면 돈을 사육 상자가 아닌 은행에서 키워야 합니다. 우리가 은행에 돈을 저축하면, 은행은 우리의 돈에다 추가로 돈을 더 주는데 이렇게 얹어 주는 돈을 '이자'라고 합니다. 이자를 주는 방법은 얼마나 저축했는지, 이자율이 얼마인지, 얼마나 오래 저축했는지에 따라 달라집니다. 이자율을 다른 말로 '금리'라고 하지요. 우리가 저축한 금액의 합계는 원금이라고 합니다. 그리고 원금에 이자율을 곱한 금액이 이자가 됩니다.

이자 = 원금 × 이자율

저축을 많이 해서 원금이 커지거나, 이자율이 높을수록 이자는 많아집니다. 이때 각 나라의 중앙은행은 경제 상황에 따라 이자율을 높이기도, 낮추기도 합니다. 그런데 왜 이자를 주는 걸까요?

은행은 우리가 맡긴 돈, 다른 사람이 저축한 돈을 금고에 넣어두고 보관만 하지 않습니다. 어떤 사람이 집을 사야 하는데 돈이 부족하거나 어떤 회사가 사업을 해야 하는데 자금이 부족하면 은행에서 돈을 빌리기도 합니다. 이렇게 누군가가 저축한 돈을, 돈이 필요한 다른 사람에게 빌려주는 것을 '대출'이라고 합니다. 은행은 돈을 대출해 주면서 그에 대한 대가를 받습니다. 사람들이 은행에서 돈을 빌리면, 갚기로 약속한 날짜에 빌린 원금과 함께 이자를 더해서 갚아야 합니다. 그러므로 이자란 남의 돈을 빌린 사람이 빌려준 사람에게 주는 대가라고도 할 수 있습니다.

은행은 돈을 빌려줄 때는 신중히 검토합니다. 빌려준 돈과 이자를 잘 갚을 수 있는지 여러 조건을 따져 봅니다. 이렇듯 금융 거래의 바탕에 믿음과 신뢰가 있습니다. 어릴 때부터 작은 약속이라도 소중히 하며 꼭 지키는 것이 어른이 되는 훈련인 까닭입니다.

앞서 신용카드 개념을 설명하면서 신용점수를 높이기 위해 되도록 연체하지 않는 것이 중요하다고 이야기했습니다. 연체하지 않는 것과 함께 대출을 지나치게 많이 받지 않는 것도 중요합니다. 자신의 재정 상태에 맞는 적정한 채무를 설정하여 대출 규모를 잡아야 합니다. 예를 들어 자신의 연간 소득이 4,000만 원인데 대출이 7,000만 원이라면 대출금이 소득액을 넘게 되어 연체할 가능성이 커지고, 이자와 원금을 갚느라 삶이 힘들어질 수 있습니다.

만약 대출이 있다면 상환하는 순서도 중요합니다. 첫 번째는 오래된 대출부터 상환하는 것이 좋고, 두 번째는 이율이 높은 순서부터 상환하는 것이 좋습니다. 세 번째로 금액이 큰 순서대로 상환하는 것이 신용점수를 높이면서 대출로 인한 가정 경제 부담을 줄이는 방법입니다.

이렇게 대출 관리는 꼼꼼하게 따져보아야 하는데, 자녀와 어릴 때부터 대출 관리를 연습하는 좋은 방법이 있습니다. 바로 도서관 도서 대출을 활용하는 것입니다. 도서관에서 빌릴 수 있는 책의 권수는 정해져 있습니다. 책을 반납해야 하는 기한도 정해져 있지요. 빌릴 수 있는 책의 권수를 대출 한도로, 반납해야 하는 날을 대출 기한이라고 대입해 보세요.

자녀가 보고 싶은 책을 욕심내어 1인 대출 권수를 넘어 가족의 도서 대출증까지 빌려 스무 권이나 대출했습니다. 2주간의 대출 기한 동안 다 읽지 못해서 결국 반납 기한을 지키지 못합니다. 또는 날씨는 춥고 숙제가 많다는 핑계로 반납을 차일피일 미룹니다. 결국은 반납 날짜를 한참 지나 야심한 밤 도서 반납함에 넣고 오기도 합니다. 이렇게 미루는 습관은 돈과의 약속을 미루는 습관으로 이어질 수 있습니다. 자녀와 도서관 홈페이지에 들어가 최근 한 달 동안의 대출 이력을 조회해 보세요. 만약 자주 연체한다면 사소한 약속이라도 기한 내에 지키는 것이 중요하다고 당부해 주세요. 연체하지 않고 기한 내에 반납하는 습관을 반복해서 연습해 보세요.

감가상각과 재활용의 원리 이해시키기

아이와 당근마켓으로 물건을 사거나 판 적이 있다. ○ / ×
아이와 중고서점에서 책을 사거나 판 적이 있다. ○ / ×

두 가지 질문에 ○라고 대답하였다면 감가상각과 재활용의 원리를 아이에게 알려주는 건 어떨까요? 감가상각이란 구매한 상품의 가치가 계속 유지되지 않고 시간이 지남에 따라 점점 감소한다는 의미예요.

아이 친구 엄마는 자녀가 어릴 적에 마음먹고 자연관찰 전집을 50만 원에 샀다고 합니다. 아이가 술술 읽을 줄 알았지만, 한 번도 거들떠보지 않아 몇 년간 책장에 모셔두었습니다. 그리고 몇 년 후 아이가 자라 되팔기로 합니다. 분명 읽은 흔적도 없는데 되팔 때는 10만 원도 못 받았다고 하더라고요. 이렇듯 모든 물건은 산 순간부터 감가상각이 발생합니다. 아이 방을 둘러보면 한 번도 뜯지 않은 장난감, 집에 있는데 또 구매한 티셔츠가 눈에 보일지도 몰라요. 중고 거래 플랫폼을 열어 목록을 살펴보면 각자의 추억이 담긴 소중한 물건이었을 텐데 깜짝 놀랄 만큼 싼 가격으로 올라와 있습니다. 분명 큰돈 주고 비싸게 샀을 텐데 말입니다.

이렇듯 물건은 사는 순간 가격이 내려가고 되팔 때는 살 때의 가격보다 훨씬 내려간다는 것을 알게 된다면 충동구매를 자제할 수 있습니다. 새로 나온 장난감을 또 사달라고 떼쓰는 아이가 감가상각을 알게 되면 이제 한 번쯤은 고민하고 살 수 있습니다. 당근마켓, 알라딘 중고서점과 같은 중고 거래 플랫폼을 한 번도 이용해 보지 않았다면 아이와 함께 한 번쯤 경험해 보는 것은 어떨까요? 교육을 위해서 말이죠.

중고 거래 플랫폼은 사용하지 않는 물건들의 상세 사진을 찍고 물건에 대한 소개를 간단히 적으면 될 만큼 간편합니다. 가격도 스스로 정합니다. 빨리 팔고 싶다면 가격을 싸게 내놓으면 되고 천천히 팔리더라도 원하는 값에 팔고 싶다면 가격을 올리면 됩니다. 앱 채팅으로 거래 의사를 살필 수 있고 흥정도 가능합니다. 자세한 방법은 4장 〈우리도 이 물건을 중고 시장에 팔아 볼까?(용기)〉에서 다시 다루겠습니다.

이렇게 중고 거래를 통해 마련한 현금으로 읽고 싶었던 책을 중고로 되사는 것도 재활용의 방법입니다. 저축하여 자산을 형성하고 싶다면 꿈통장, 황금거위통장에 넣어두어도 좋습니다. 이러한 경험을 아이와 함께한다면 충동 소비를 자제하는 습관을 기를 수 있으며 물자 절약과 물자 순환에 대해 한 발 더 이해하게 됩니다.

공유경제의 개념 이해시키기

여러 사람이 하나의 물건을 같이 사용하는 것을 '공유'라고 합니다. 교실에서 친구와 나누어 쓰는 것에는 학습 준비물인 가위와 풀이 있습니다. 아이들은 이 물건을 사용한 다음, 다시 제자리에 가져다 놓습니다. 교실에서 공유하는 물건을 살펴보았으니 일상생활에서 공유하는 것에는 무엇이 있는지 아이들과 시선을 넓혀 보았습니다.

공유자전거(서울-따릉이), 공유킥보드, 약수터 물, 도서관의 책, 카셰어링(쏘카, 그린카), 코인 빨래방, 장난감 대여 서비스 등 참 다양합

교실에 마련된 가위, 풀과 같은 학습 준비물도 공유경제의 한 예가 된다.

니다. 저는 아이 둘을 키우면서 아이에게 필요할 것 같지만 오래 쓰지는 않을 장난감을 사기가 참 부담스러웠습니다. 알아보니 육아종합지원센터에 '어린이 장난감 대여 서비스(장난감도서관)'가 있었어요. 지자체마다 조금씩 다르지만, 센터에 연회비를 내면 원하는 장난감을 일정 기간 대여하여 사용할 수 있습니다. 그리고 센터 내에는 '아이사랑 놀이터'가 있습니다. 놀이터 이용 일자와 시간대를 예약하면 예약한 인원만 입장이 가능합니다.

제가 가 본 아이사랑 놀이터는 동네 키즈카페 못지않았어요. 놀이터는 주제에 따라 다채롭게 꾸며져 있었습니다. 그리고 영아부터 유아까지 각 연령별로 오감을 만족할 수 있는 다양한 장난감이 가득했습니다. 새로운 장난감을 가지고 마음껏 놀면서 아이들은 행복해했습니다. 매일 집에서 똑같은 장난감을 가지고 놀던 아이에게 그곳은 천국과도 같았겠죠.

12개월 이상 또는 만 6세 미만 취학 전 영유아(지자체마다 이용 대상이 다르기도 합니다)를 키우고 있다면, 현재 거주 중인 지역명을 앞에 넣고 '육아종합지원센터'라고 검색해 보세요. 가장 가까운 곳에 있는 센터를 방문해 보는 것도 추천합니다.

요즘은 공유경제가 소비의 트렌드입니다. 공유의 대상은 물건을 넘어 공간도 있습니다. 공유 오피스, 에어비앤비, 셰어하우스가 대표적 사례지요. 공유경제는 사물과 공간을 공유하는 것에서 더 나아가 재능과 지적재산을 공유하는 영역까지 확대되고 있다고 합니다.

포털에서 육아종합지원센터를 검색하면 각 지역의 지원센터가 연관 검색어로 뜬다.
중앙육아종합지원센터(https://central.childcare.go.kr/)에서 전국 센터 현황을 찾아볼 수도 있다.

소셜 멘토링 '잇다'는 취업 준비를 어떻게 해야 할지 막막하고 답답한 취업준비생을 위해 온라인에서 직업별, 업종별로 원하는 멘토를 찾아 상담 및 조언할 수 있도록 연결합니다. '위즈돔'은 인터넷에서 개개인이 가지고 있는 삶의 경험과 정보, 이야기, 그리고 인생의 지혜를 공유하여 서로 만날 수 있도록 주선하기까지 합니다. 재능과 삶의 지혜까지 공유할 수 있는 세상이라는 것이 놀랍기만 합니다.

무료 공유뿐 아니라 공유 자전거, 에어비앤비 같은 곳은 일정 금액을 지불하고 대여하기도 합니다. 내 집 앞 공유 주차장 서비스도 등장했습니다. 자주 쓰지 않는 물품이나 공간을 대여해서 수익을 내는 방법입니다. 공유경제는 이전과 다른 소비 형태라고 할 수 있습니다. 이 변화의 속도는 매우 빠릅니다. 경제 침체의 여파로 소비가 줄어든 것도 있지만, 환경보호와 자원보존의 개념이 더해져 공유경제는 더욱 확산될 것이라고 합니다. 각종 기업에서도 공유기업에 투자하거나 공유 서비스를 확대하고 있습니다.

아웃소싱의 개념 이해시키기

혹시 지금 하는 일이 많아 중요한 일에 집중하기 어려운가요? 그 일에 집중하기 위해 덜 중요한 일을 믿음직한 누군가에게 맡긴다면, 어떤 일을 맡기고 싶은가요? 만약 그 일을 맡기는 대가를 지불한다면 얼마를 줄 수 있나요? 바로 이 개념이 아웃소싱입니다. 이 글을 읽는 누군가에게 질문했듯 아이들에게도 같은 질문을 해보았습니다. 먼저 아웃소싱의 뜻을 이렇게 소개했습니다.

> 교사: 아웃소싱이란, 어떤 일(업무)의 효율성을 높이기 위해 제3자에게 일을 맡기는 것입니다. 여러분이 공부에 집중하기 위해 다른 일을 사람(로봇)에게 대신 맡긴다면 어떤 일을 맡기고 싶나요? 얼마를 주고 싶은지, 왜 그런지 한번 말해 볼까요? 대신 그 사람(로봇)에게 공부를 맡기면 안 돼요.

아이들이 신나게 자기 생각을 발표했습니다. 식물에 물 주기, 달팽이 밥 주기, 방 정리, 동생과 놀아주기, 동생 돌봐주기 등 의견이 나왔습니다. 매일 아침 입을 옷 골라 주기와 같은 재치 있는 대답도 나옵니다.

> 교사: 그렇다면, 여러분은 그 일을 한 번 할 때 얼마만큼의 돈을 줄 수 있나요? 여러분이 사용할 수 있는 용돈 안에서 생각해 보세요.
>
> 도빈: 제가 아끼고 사랑하는 달팽이지만 때맞춰 밥 주는 것을 가끔 잊을 때도 있어요. 정해진 시간에 맞춰 밥을 준다면 저는 하루에 오백 원 정도 줄 수 있어요.
>
> 하연: 저는 천 원 정도 줄 수 있어요. 제 방 정리하는 거 정말 귀찮고 힘들어서 대신 해주면 그 정도 금액을 주어도 괜찮아요.
>
> 수진: 아침에 뭘 입고 갈지 정말 고민되어서 20분 넘게 걸린 적도 있어요. 누군가가 제 마음에 들게 코디해 준다면 천 원 정도 줄 수 있어요. 매일 하면 돈을 많이 주게 되니까 일주일에 두 번 정도 해주면 좋겠어요.

아이들은 나름의 근거를 들어 의견을 냈습니다. 그 이야기들을 가만히 듣다 보니 재미도 있지만 시사하는 바가 컸습니다. 첫째는 스스로 중요한 일을 위해 일의 우선순위를 정해 보았다는 점입니다.

둘째는 아웃소싱에 드는 비용, 예를 들어 매일 아침 코디해 주는 비용을 천 원이라고 정했을 때 비싸다는 의견이 나왔고, 적정 금액을 함께 고민해 보았다는 점입니다.

뉴노멀의 시대에는 중요한 일이나 업무를 진행하는 데 있어서 하나부터 열까지 한 사람 또는 한 회사에서 모두 맡아서 하지 않습니다. 집중해야 할 일에 집중하면서 나머지 활동은 전문가에게 위탁, 즉 맡기죠. 그러면서 경제 효과를 극대화시킵니다. 회사에 필요한 홍보는 홍보 에이전시에 맡기고, 세금 업무는 세무법인에 맡기는 식입니다. 선택과 집중이 극대화된 셈이지요. 이렇게 아웃소싱에 대해 생각하는 것은 팀의 리더, 기업가의 자리를 미리 연습해볼 수 있다는 데 의의가 있습니다.

부동산의 가치와 투자 이해시키기

현시대는 주거를 경제력으로 판단하고 그에 따른 차별이나 과시가 자연스럽게 내면화될 수 있는 여지가 많은 환경입니다. 사는 집이 자가냐 전세냐, 월세냐는 방식의 차이일 뿐 좋다 나쁘다의 가치가 될 수는 없습니다. 만약 그러한 풍토가 지속된다면 저라도, 부모부터라도 교육을 통해 바로잡아야 하지 않을까요? 올바른 부동산 가치 교육을 통해 아이들이 부동산을 경제적 지위로 인식하는 것을 지양하도록 어른들이 도와야 합니다.

먼저 부동산이 어떤 개념인지 알아야 합니다. 부동산의 종류와 사용 형태에 따라 약속(계약) 방법이 달라진다는 것도 알려주어야 해요. 마지막으로 부동산을 생활 형태와 연결 지어 생각하고 주거의 다양성을 폭넓게 이해하고 존중하는 태도를 알려주어야 합니다.

첫째, 부동산이란 무엇인지 아이의 수준에서 설명해 주세요.

부동산은 움직여 옮길 수 없는 재산인 토지나 건물 따위를 말합니다. 움직일 수 있는 재산인 자동차, 항공기, 배 등은 동산이라고 합니다. 움직일 수 없고 옮길 수 없는 재산을 내 것이라고 표시하는 것을 등기라고 합니다. 땅따먹기 놀이를 해 본 적 있나요? 놀이판에 돌을 던져 내 땅이 되면 그 땅 주인은 그곳에서 두 발로 쉬었다 갈 수 있지만, 상대방은 그 땅을 함부로 밟을 수조차 없습니다. 마찬가지로 부동산은 주인의 허락 없이 함부로 사용하거나 살 수 없습니다.

앞서 수요와 공급의 원리를 소개했습니다. 부동산도 수요와 공급의 원리에 따라 가격이 움직입니다. 누구나 살고 싶은 곳이 있어요. 교통이 편리하고, 교육 인프라가 잘 형성되어 있고, 주변에 공원이 가까워 산책하거나 운동할 수 있고, 가까운 거리에 병원과 이용할 만한 상점이 많은 주거 환경이라면 누구나 살고 싶어 해요. 최근에 만들어진 새 건물이라면 더 좋고요. 이렇듯 주변 환경 여건이나 조건에 따라 집값이 달라집니다.

그런 최적의 환경에 있는 집이 몇 군데 없다면, 살고 싶어 하는 사람은 많고 집의 개수는 적으니 가격은 올라가게 됩니다. 집을 사고 싶어 하는 사람들은 많으나 집의 수요가 적어 사람들의 불편함이 커진다면, 그 주변에 집을 많이 지어 공급을 늘리면 조금 해소되겠지요.

둘째, 부동산 계약 방식에 대해 알려 주세요.

부동산을 구매하는 데도 계약이 필요하지만, 소유자와 사용하는 사람의 임대 방식에 따라서도 전세와 월세 계약이 필요합니다. 전세는 사용자가 소유자에게 일정 금액을 맡기고 부동산을 계약 기간 동안 빌려 쓰는 것입니다. 월세는 사용자가 소유자에게 일정 금액을 맡기고, 또 월마다 정해진 금액을 지불하면서 부동산을 빌려 쓰는 것입니다. 단, 월세는 전세보다 맡기는 금액(보증금)이 적습니다. 월세는 맡기는 금액이 전세보다 상대적으로 적다 보니 당장 목돈이 부족한 경우 보증금이 적은 월세를 택하고 매달 사용료를 지불하는 방식을 선택할 것입니다.

전세와 월세는 각각 장단점이 있습니다. 이 장단점은 내가 소유자인지 세입자인지에 따라 달라집니다. 따라서 아이에게는 집을 구하는 상황에 따라 합리적이고 유연하게 선택하는 것이 좋다는 것을 알려주어야 합니다.

아이들은 어릴 때부터 내 집을 꿈꿉니다. 고사리손으로 스케치북에 가족의 모습을 그릴 줄 알게 되면 그다음으로 그리는 것이 집입니다. 따뜻하고 포근한 안식처인 내 집 마련은 어쩌면 인간이라면 당연한 꿈입니다. 하지만 그 집의 모습이 모두 똑같지는 않습니다. 사람이 다양하듯 집도 다양한 모습일 수 있고, 집을 사용하는 방식도 다양할 수 있다는 것을 알려주세요. 아이 스스로 생활 형태에 맞게 주거 환경을 고민하고 선택하는 종합적인 사고력을 키우는 것은 물론 더 나아가 다양성을 존중하는 태도를 기를 수 있어야 합니다.

주식, 배당의 개념 이해시키기

"난 내 이름을 딴 테마파크, 마트, 레스토랑을 만드는 것이 꿈이다. 돈이 아주 많으면 별걱정 없이 회사를 만들기 쉬울 텐데. 물건을 만들 재료도 사야 하고, 함께 일할 직원들 월급도 줘야 하고, 회사를 운영할 공간도 필요한데, 끄악! 내 회사 어떻게 만들지?"

몇 년 전 제가 가르쳤던 아이의 일기장 속 이야기입니다. 그 아이는 벌써 고등학생이 되었을 것입니다. 아직도 그 꿈을 품고 있는지 궁금하네요. 아이의 고민을 어떻게 해결할 수 있을까요? 이 아이가 회사를 세우고 운영하는 데 필요한 돈은 주식을 통해 모을 수 있습니다. 마이크로소프트의 빌 게이츠, 알리바바의 마윈, 페이스북의 마크 저커버그도 그의 능력을 신뢰한 많은 사람으로부터 투자를 받아 회사를 만들었죠.

주식에 대해 궁금해하는 학급 아이들을 위해 주식의 개념을 아이들의 눈높이에 맞춰 이렇게 설명해 주었습니다.

재민: 선생님, 주식이 뭐예요? 주식은 왜 올랐다 내렸다 하는 거예요?

교사: 주식에 대한 호기심이 생겼군요. 회사는 사람들이 필요로 하는 것을 팔아 돈을 법니다. 이렇게 돈을 벌면 그 수익의 일부를 나눠 주겠다고 약속하고, 그 약속을 팔아요. 그것이 '주식'입니다. 이렇게 여러 사람의 돈을 모아 설립한 회사를 '주식회사'라고 합니다.

재민: 주식은 어디에서 사요?

교사: 물건은 시장이나 마트에서 사지요? 주식은 주식시장에서 사거나 팔 수 있어요. 주식시장은 돈을 벌면 그 일부를 나눠 주겠다는 약속을 사고파는 시장이라고 할 수 있습니다. 회사가 돈을 많이 벌면 나눌 수 있는 수익도 늘어나므로 주식의 가격이 올라가요. 반대로 회사가 돈을 벌지 못하면 수익도 줄어드니 주식의 가격이 내려가죠. 그래서 손해를 볼 수도 있어요.

재민: 여진이는 자기가 '주주'라고 자랑하던데 주주는 뭐예요?

교사: 주식을 산 사람을 주주라고 부릅니다. 회사가 주식을 판다는 것은 여러 사람의 돈을 모은다는 것입니다. 주식회사는 회사의 가치를 보고 투자한 많은 사람의 돈을 모아 운영하기 때

문에 회사의 중요한 것을 결정할 때는 주주들의 의견을 물어
야 합니다. 그 결정에 따라 내가 투자한 돈이 불어날 수도 있
고 손해를 볼 수도 있는 만큼, 중요한 일을 회사 대표 혼자 결
정할 수는 없죠. 이렇게 주주들이 모여 회의하는 것을 '주주총
회'라고 합니다.

재민: 아, 여진이가 주주총회 다녀왔다고 하더니 그게 회의에 다
녀온 거군요. 왠지 멋져 보이더라고요. 아잇, 이참에 저도 주주
가 되어야겠어요!

주주가 된다는 것은 단순히 주식을 산다는 의미가 아니라 한 회사
의 주인이 된다는 의미입니다. 회사의 경영에 목소리를 낼 수 있는
사람이 된다는 뜻이죠. 그래서 주주가 되면 회사의 성장이 더없이
기쁘게 느껴진답니다.

하지만 주의할 점이 있어요. 주식 투자는 신중해야 합니다. 주식
은 약속, 즉 회사가 돈을 많이 벌면 일부를 주겠다는 약속이므로, 회
사가 손해를 보면 내 자산이 줄어들 수 있어요. 저축과 달리 원래 투
자한 돈인 원금을 보장해 주지 않습니다. 전 재산을 투자하거나 빚
을 내어 투자했는데 투자한 회사의 경영 상황이 나빠지면 자칫 큰
손실을 볼 수 있습니다. 그래서 현명한 투자를 위해서는 원금을 잃
게 되더라도 생활하는 데 어려움을 겪지 않을 여유분의 돈으로 하는
것이 좋습니다. 주식 투자는 저축보다 큰 수익을 낼 수 있지만 위험

요소도 많습니다. 그래서 투자 상품에 대해 자세히 알아본 후 신중하게 판단하는 것이 중요합니다.

■ 평소 관심 있는 제품의 이름과 제조회사 살펴보기의 예

	내가 좋아하는 것	회사
과자	빼빼로	롯데제과
장난감	터닝메카드	손오공
간식	진라면	오뚜기
영화	겨울왕국	디즈니
연예인	에스파	SM엔터테인먼트
전자기기	애플 워치	애플

내 아이와 주식 이야기를 시작하고 싶다면, 먼저 아이가 좋아하는 물건과 회사에 대해 알아봅시다. 일상 속에서 찾을 수 있는 과자, 장난감, 게임, 간식 등을 떠올려 보고 어떤 회사에서 만들어졌는지 적어 보세요.

그리고 내가 알고 있는 회사의 이름을 주식시장에서 검색해 보세요. 포털사이트에 "회사명 + 주식"(예: 디즈니 주식)으로 쳐도 증권 정보를 볼 수 있습니다. 회사 주식, 즉 약속의 가치가 얼마인지 살펴보세요. 얼마만큼 성장했는지 그래프를 보세요. 올해 영업이익이 얼마나 되는지 아이와 함께 보세요. 자녀가 커가는 세월만큼 함께 성장

할 회사인지 생각해 보고 평소 관심을 둔 제품의 회사 주식에 투자해 보는 것은 어떨까요?

한 걸음 더. 아이와 이런 이야기는 어떨까요?

네가 회사를 세운다면, 무엇을 파는 회사였으면 좋겠어?

회사의 이름은 무엇으로 할까?

함께 일하고 싶은 사람은 누구야? 어떤 사람과 일하고 싶어?

회사의 로고를 만들어 보자. 주변에서 보이는 여러 회사의 로고를 보며 힌트를 얻어 봐.

PART ◇3

'부의 미래'를 여는
키가 되는
11세의 11가지 경제 습관

슬기로운 소비 생활
(합리적 소비 vs 비합리적 소비)

아이가 훗날 경제적으로 자유로울 수 있으려면 어릴 적 부터 좋은 경제 습관을 갖고 자라야 합니다. 좋은 경제 습관을 지니면 아이는 돈을 주체적으로 사용하고 건설적으로 계획하며 살아가겠죠. 그런 날이 빨리 오기를 바라지만, 지금부터 하나씩 습관을 들이지 않으면 허황된 꿈으로 남기 쉽습니다. 단 하나의 기술로 끝판왕을 깰 수는 없죠. 여러 가지 기술을 섭렵하여 우리 아이를 경제 고수가 되도록 키워 봅시다.

돈은 모름지기 잘 써야 합니다. 잘 쓴다는 것은 이왕 돈을 쓴다면 슬기롭게 써야 한다는 뜻입니다. 기준을 갖고 기회비용을 따져 가며 현명하게 돈을 쓰는 것을 합리적 소비라고 합니다. 그 반대인 비합리적인 소비에는 네 가지가 있습니다.

• 과소비

가진 돈(재산)이나 버는 돈(소득)에 비해 쓰는 돈(소비)이 과하게 많은 것을 '과소비'라고 합니다. 무리하게 지출하면 필요한 곳에 써야할 돈이 모자라게 되고, 급한 대로 앞으로 벌게 될 돈을 당겨쓰는 악순환이 시작됩니다. 만약 자녀가 용돈이 부족하다고 자주 말한다면 과소비하지는 않는지 함께 점검하는 시간이 필요합니다.

하지만 돈을 많이 쓴다고 해서 모두 과소비라고 볼 수는 없습니다. 하루 용돈이 100만 원인 사람이 1만 원어치의 간식을 사 먹는 것을 과소비라고 보기 어렵지만, 한 달 용돈이 1만 원인 학생이 한 번에 5천 원의 간식을 사 먹는 것은 과소비에 해당됩니다. 아이와 함께 과소비의 개념을 정리해 보고 소비 습관을 파악해 보세요.

자녀와 한 달간 사용한 용돈 내역을 기억나는 대로 나눠 보세요. 빼빼로 구입, 친구 생일선물 구입, 컵라면 구입, 딱지 구입 등이 있을 것입니다. 아이에게 용돈 사용 내역 중 과소비한 것이 있다면 무엇이라고 생각하는지 물어 보세요.

> 일주일 용돈이 3,000원인데, 받자마자 편의점에서 친구와 과자와 음료수를 사 먹느라 눈 깜짝할 새 다 써버렸어요. 그래서 남은 요일 동안 먹고 싶은 과자를 사 먹지 못해서 아쉬웠어요. 한 번에 일주일 치 용돈을 다 썼기 때문에 과소비했다고 생각해요.

• 충동소비

아이가 우연히 문구점에 갔다가 원래 사려고 한 공책 대신 계획에 없던 엉뚱한 물건을 사기도 합니다. 이러한 소비를 충동소비라고 합니다. 자신이 계획하지 않은 물건을 사게 돼서 꼭 필요한 곳에 써야 할 돈이 부족해지기도 합니다.

충동소비를 하지 않으려면 물건을 사기 전에 자신에게 꼭 필요한 물건인지 곰곰이 생각하고 구입하거나, 구매하러 가기 전에 필요한 것만 적어 둔 구매리스트를 작성하여 가져가는 방법이 있습니다. 아이와 용돈 사용 내역 중 충동소비 한 것이 있는지 나눠 보세요.

주말에 친구를 만나 햄버거를 먹고 스티커 사진을 찍고 헤어지기로 약속했어요. 4학년이 되어 처음으로 갖게 된 둘만의 약속이라 너무 들떴어요. 스티커 사진 가게에 갔다가 옆 매장에 액세서리 가게가 있어서 구경을 했는데요. 머리핀, 팔찌가 너무 예쁜 거예요! 친구가 사는 걸 보니 뭔가에 홀리듯 똑같이 구매했어요. 깔깔 웃으며 집에 돌아왔는데, 아뿔싸! 똑같은 스타일의 머리핀이 방에 잔뜩 있더라고요. 분위기에 휩쓸려 충동적으로 샀다는 것을 깨달으니 후회가 돼요.

• 과시소비

과시소비란 남들에게 자랑하기 위해서 자신의 수준에 맞지 않는 비싼 물건을 사는 것을 말합니다. 혹시 아이가 친구들에게 잘 보이고 싶어서 비싼 브랜드의 옷이나 신발을 사달라고 하거나, 비싼 학용품을 사달라고 한 적이 있나요? 다른 사람에게 잘 보이고 싶은 욕망은 누구에게나 있지만, 슬기로운 소비 습관을 기르려면 과시소비는 자제하는 것이 좋습니다.

과시소비를 하지 않으려면 제품의 질과 가격을 비교해서 가격 대비 성능이 좋은 물건을 선택하려는 합리적 사고가 필요합니다. 아이와 용돈 사용 내역을 보며 과시소비한 것이 있는지 대화를 나누어 보세요.

드디어 생일이 되어 스마트폰을 사러 매장에 갔을 때, 엄마한테 가장 최신 모델을 사달라고 졸랐어요. 제일 비싼 최신식 모델을 사서 친구들한테 자랑하고 싶었거든요. 번쩍번쩍 빛나는 핸드폰만큼 내가 빛날 거라 상상하니 기분이 좋았어요. 엄마는 내가 고른 스마트폰이 너무 비싸다고 다른 모델을 보자고 하셨는데 저도 모르게 엄마에게 짜증을 냈어요. 결국 저의 성화에 못 이긴 엄마는 제가 고른 스마트폰을 사주셨어요. 새 스마트폰을 친구들에게 보여준 첫날은 무척 기분 좋았어요. 하지만 다음 날은 평소와 다름없더라고요. 딱히 기분이 더 좋거나 하지 않았어요. 그래서 너무 비싼 걸 샀나 후회가 되기도 해요.

• 모방소비

누군가가 산 상품을 보고 똑같이 사는 것, 이러한 소비를 '모방소비'라고 합니다. 사람들이 모방소비를 하는 이유는 호감이 가는 누군가가 사는 것을 같이 사면 왠지 잘 선택한 것 같아 편안함을 느끼기 때문입니다. TV에서 연예인이 착용한 가방이나 액세서리가 다음 날 완전히 다 팔리는 '완판' 사례가 대표적인 예입니다. 겨울에 초등학교 고학년 학생들이 대부분 같은 브랜드 점퍼를 입고 다니는 경우도 모방소비의 예입니다.

특히 초등학교 고학년이 되면 모방소비의 형태가 자주 드러납니다. 아동 발달 특성에 따라 초등학교 고학년 시기에는 친구 관계가 선택적이며 집단 소속감이 강해지고 공동체 의식이 발달하기 때문입니다. 물건을 살 때 가격이나 질도 중요하지만, 친구와 똑같은 물건을 산다는 데 더 의미를 두고 소비하는 것이지요. 이러한 소비를 통해 또래 집단에 소속되어 있다는 안정감을 느끼는 것임을 이해한다면 아이들의 모습에 당황하지 않을 것입니다.

그렇다고 해서 요구하는 것을 다 사줄 수는 없습니다. 아이가 모방소비를 하려는 모습이 보인다면 그 심리를 읽어 주고 대화를 통해 절충안을 찾는 것은 어떨까요?

엄마와 싸웠습니다. 유명 브랜드 패딩 점퍼를 나도 사고 싶은데 엄마는 너무 비싸다고만 해서요. 5학년 때 입었던 패딩 점퍼를 다시 꺼내 입으려고 보니 왠지 촌스러워진 듯해요. 내 친구 소영이도 새 패딩을 어제 입고 왔고, 우리 반 회장 영진이도 그 패딩 점퍼를 입었다고요. 그 점퍼를 입지 않은 나만 왠지 외톨이가 된 것 같아요. 가격이 50만 원이나 해서 솔직히 비싸기는 한데요, 그래도 입고 싶은 마음이 굴뚝같아요.

아이는 과소비, 충동소비, 모방소비 모두 비합리적이라는 것을 잘 압니다. 하지만 눈 앞에 펼쳐지는 상황에 매번 합리적으로 선택하기가 쉽지 않죠. 주어진 예시 중 아이의 평소 생활이나 소비 패턴과 비슷한 것은 없는지 살펴보세요. 아이 나름대로 비합리적 소비를 했던 이유와 원인이 있을 것입니다. 아이 입장에서 이야기를 들어보세요. 그리고 어떻게 하면 비합리적 사고를 줄여 합리적인 소비를 할 수 있을지 의견을 나누어 보세요.

티끌 모아 티끌이라 생각하는 아이, 어떡하죠?(저축)

다이어트에 성공한 적이 있나요? 자신이 정한 목표 몸무게에서 14일 정도 지나면 1~2킬로그램은 대부분 감량합니다. 하지만 그다음이 참 어렵습니다. 마치 체중계에 새겨놓은 듯 수년 동안 꿈쩍도 안 하는 숫자가 정말이지 밉습니다. 적게 먹고 많이 움직였는데도 체중은 더 내려가지 않죠. 눈 질끔 감고 뼈를 깎는 고통(?)쯤을 견뎌야 내려갈 텐데, 보통 그쯤에서 포기하고 '뭣이 중헌디?' 하며 치킨을 시켜 버리지요.

저축도 그렇습니다. 사람마다 다르겠지만 저축도 다이어트처럼 한계치가 있는 것을 자주 봅니다. 어느 금액까지는 잘 모으는 데 목표 금액이 될 때쯤이면 꼭 돈을 쓸 일이 생깁니다. 어른도 이러한데 아이들은 오죽할까요?

아이들도 돈 쓸 일이 많습니다. 나름의 이유가 있어요. 어른에게 돈 써야 할 이유가 있듯이 말이지요. 하지만 아이들은 아직 힘들게 돈을 벌어 본 경험이 없어서 부모에게 돈을 달라는 말을 쉽게 합니다. 고학년 담임을 맡았을 때 아이들의 일기장이나 발표시간에 이런 생각을 하는 경우도 많이 보았습니다.

어른이 되어 한 번쯤은 플렉스 하고 싶어요.

'플렉스FLEX'는 '구부리다, 몸을 풀다'라는 의미의 영어입니다. 요즘은 재력이나 귀중품 등을 과시하는 행위를 이르는 신조어로, 주로 1020의 젊은 층을 중심으로 사용되고 있습니다. 1990년대 힙합 문화에서 래퍼들이 재력이나 명품 등을 과시하는 모습을 이르던 것에서 유래되었다고 하네요. 요즘 아이들에게서 이러한 현상이 두드러지는 이유는 아이가 보는 유튜브, 예능 프로그램 속에서 좋아하는 연예인이나 유튜버가 명품을 과시하거나 화려한 집에서 사는 것을 자주 접하기 때문입니다. 여러 매체에서 소비가 최고의 미덕이라는 이미지를 심어 주고 있습니다.

결론부터 말하자면, 티끌 모아 태산입니다. 인내심과 절제력을 토대로 적은 돈이라도 꾸준하게 모으는 습관을 기르는 것이 경제 습관의 기본입니다. 실제로 적은 돈이라도 긴 시간 동안 수익에 수익이 붙는 복리효과를 충분히 활용한다면 목돈이 될 수 있습니다. 인내와 절제는 비단 경제 습관일 뿐 아니라 인생을 살아가는 데 꼭 필요한 태도가 됩니다.

이렇게 중요한 저축의 필요성을 아이들에게 어떻게 알려주면 좋을까요? 어떤 동기여야 소비하고 싶은 욕망에서 저축하고 싶은 목표로 아이들을 이끌어 줄 수 있을까요?

직장인들 사이에 '카페라테 효과'라는 투자법이 있다고 하지요. 한 잔에 4천 원인 카페라테를 하루에 한 잔씩 아끼면 한 달에 12만 원을 모을 수 있습니다. 우리 아이에게는 어떻게 적용할 수 있을까요? 이를테면 '떡볶이 효과'는 어떨까요? 하교 후 습관적으로 사 먹는 떡볶이 값을 매일 아낀다면 10년 후에는 얼마가 될지 계산해 보세요. 시간의 힘은 저축 금액이 적은 우리 아이들이 믿을 수 있는 가장 강력한 수단입니다. 앞에서 제시한 떡볶이 효과처럼 아이가 습관적으로 자주 소비하는 것(떡볶이, 뽑기, 딱지, 스티커, 모바일 이모티콘, 게임 아이템 구입 등)이 있다면 그것이 무엇인지 살펴보세요.

만약 아이가 학교 앞 문구점에서 뽑기를 매일 한다면 평균적으로 300~500원을 사용할 것입니다. 하루로 따지면 적은 돈이지만 1~6학년, 6년 동안 하교한 후 매일 문구점에 들러 뽑기를 반복한다면 190일(수업일수) × 6년 × 500원 = 570,000원입니다. 매일 뽑기만 했을 뿐인데 태블릿PC쯤은 살 수 있을 만큼의 돈을 써버렸습니다. 지나간 세월은 되돌릴 수 없고 후회될 뿐입니다.

아이가 습관적인 소비의 무서움을 알게 되었다면 이제부터는 차곡차곡 저축하고 싶은 마음을 심어 줄 차례입니다. 하지만 혼자서 저축하기에는 역부족이라는 생각이 듭니다. 요즘 아이들에게 1만 원, 2만 원은 큰돈이 아니어서 자기 혼자 일주일에 1천 원, 2천 원 모아서 어느 세월에 목돈을 만드냐고 반문할 수도 있습니다. 하지만 누군가가 함께한다면, 힘을 모은다면 할 수 있을 것 같다는 생각이 커집니다.

아이와 부모가 공동의 저축 목표를 정하고 함께 노력해 보면 어떨까요? 부모와 자녀가 미션을 공유하여 서로 격려하고 응원하면서 돈 모으기 습관을 길러보는 것입니다. 가령 아이의 꿈이 운동선수라면 건강한 체력을 키우는 것이 작은 목표일 것입니다. 건강한 체력을 키우기 위해 아이와 상의하여 배우고 싶은 운동 종목을 선택해 보세요. 만약 수영을 배우고 싶다면 방학 특강으로 나온 수영 강습을 받는 데 필요한 예산을 따져 봅니다. 수영 수업에 필요한 도구와 준비물 구매비, 수영 강습비, 수영 강습 기간을 알아보고 총 예산이 얼마인지 알아봅니다.

그렇다면 비용이 대략 나옵니다. 한 달에 얼마씩 모아야 목표한 기간에 수영을 등록할 수 있는지 계산해 봅니다. 만약 레슨 비용 마련까지 어렵다면 수영 수업에 필요한 도구와 준비물 구입 비용을 목표로 두고 저금통을 만들면 되지요. 그 비용 마련을 위해 엄마는 일주일에 세 번 마시던 커피를 한 번으로 줄이고 두 번은 저축하기를 제안합니다. 아빠는 일주일에 두 번 먹던 야식을 한 달에 한 번만 먹고 일곱 번의 야식 비용을 저축하기로 협조합니다. 아이는 일주일에 세 번 먹던 1,000원짜리 떡볶이를 한 번만 먹고 두 번은 저축하기로 합의합니다.

이런 방식으로 저축하면 아이는 힘이 나고 의욕이 생깁니다. 나 혼자만 저축하는 것이 아니라 엄마, 아빠도 나처럼 하고 싶은 것, 먹고 싶은 것을 참으면서 나의 미래를 위해 투자(저축)한다는 것을 깨닫기 때문입니다. 부모님이 나를 지지하고 나의 미래를 위해 함께 노력한다는 생각이 들면 자연스레 저축을 위한 동기부여가 됩니다. 불필요한 소비 습관을 줄이는 훈련을 온 가족이 함께하는 효과도 있습니다.

이렇게 다 같이 모은다면 한 달에 얼마나 모을 수 있을까요? 아이가 먹고 싶은 떡볶이를 참아가며 한 달 동안 모은 돈은 8,000원에 불과합니다. 하지만 엄마가 함께한다면 4,000원 × 2회 × 4주 = 32,000원을 추가로 모을 수 있습니다. 여기에 아빠까지 동참한다면 20,000원 × 7회 = 140,000원까지 더합니다. 세 명이 힘을 합쳐 한 달에 18만 원을 저축할 수 있습니다. 6개월 동안 840,000원이나 모을 수 있습니다.

아이는 이 과정을 통해 푼돈이라도 여러 명이 함께 힘을 합쳐 저축하면 목돈이 된다는 것과, 푼돈이라도 모으는 과정을 오랫동안 유지한다면, 게다가 함께 모은다면 큰 목돈이 된다는 것을 체감할 수 있습니다. 그 돈으로 목표했던 수영 강습을 받으면서 목표를 달성하는 기쁨을 온몸으로 느끼게 되겠죠. 이렇게 저축의 과정을 한 번이라도 경험한 아이는 그 경험을 바탕으로 저축 습관이 생깁니다. 어른이 되어 더 큰 목돈을 마련할 수 있는 저력도 갖추게 됩니다. 그리고 가족이 나의 꿈을 지지하고 함께 노력한다는 것을 알게 됩니다. 아이의 자존감도 높아집니다.

목돈 마련을 위해 함께 저축하는 연습을 해왔다면 아이 미래의 종잣돈 마련을 위해서도 함께 저축해 볼 수 있습니다. 방식은 같습니다. 부모와 아이가 상의하여 먼 미래에 필요한 비용을 함께 마련해 나가는 것입니다. 아이가 20세 이후에 독립한다면 창업 비용, 학자금 마련, 결혼 비용, 내 집 마련 등 묵직한 비용이 들어갈 일이 생깁니다. 아이가 30세가 될 때까지 함께 저축한다면, 아이가 인생의 중요한 전환기에 필요한 종잣돈을 꽤 든든하게 마련할 수 있습니다. 작은 것이 모여야 큰 것이 됩니다. 티끌을 모은다고 절대 티끌로 흩어지지 않습니다. 돈을 모으는 방법을 실천하는 사람이 종잣돈을 모을 수 있고, 투자도 할 수 있습니다.

꿈에 투자하는 것을 가르쳐 주세요, 내 아이 꿈 백화점(투자)

200만 원짜리 유모차, 월 150만 원의 영어유치원비, 고급 자동차 모양의 전동 자동차…. 내 아이만은 남부럽지 않게 살게 하고 싶은 부모의 염원이 담긴 소비가 아닐까 싶습니다. 많은 가정에서 불안으로 아이를 키웁니다. 부모가 충분한 뒷받침을 못 해주어 아이가 더 나은 삶을 살지 못하게 되는 것 아닐까 하는 불안이지요. 가정의 소득과 관계없이 아이의 양육비와 교육비에 올인하는 가정은 언젠가 한계를 맞습니다. 부모의 교육 투자가 자녀의 명문 대학 진학을 보장하지 않습니다. 자녀가 명문 대학에 들어가고 전문직에 종사하고 대기업에 입사한다고 하여 이후 닥칠 부모의 노후를 자녀에게 맡길 수도 없는 현실입니다.

이제는 자녀의 미래에 대한 투자가 곧 양육비와 교육비라는 관점을 바꾸어야 합니다. 가계소득 내에서 교육비 지출도 이제는 똑똑하게 정리할 필요가 있습니다. 아이가 자신의 미래에 투자하도록 가르쳐 주세요. 내 아이의 미래를 위한 투자 비용에 교육비만 해당되지 않습니다. 아이와 함께하는 시간, 깊은 대화, 정서적 교감을 포함하여 아이가 잘하는 대상을 알아가고, 꿈을 찾아가는 것을 경험하기 위해 치르는 모든 비용입니다.

아이가 어떤 꿈을 향해 달려가는지 알고 싶다면, 아이가 관심을 갖는 모든 것이 힌트가 됩니다. 아이의 인생은 큰 흐름으로 성장합니다. 아이는 성장하는 과정에서 관심을 두는 분야를 탐색해 나갑니다. 쉽게 말해서 아이의 인생은 어떤 주제를 탐구하고 발전해 가는 엄청난 프로젝트를 완성해 나가는 과정입니다. 아이가 꿈을 갖고 미래를 탐구하는 습관을 기르도록 가르쳐 주세요. 부모는 아이가 미래의 꿈을 위해 스스로 관심 있어 하는 것을 찾을 수 있도록 안내해 주는 것이 필요합니다.

초등학교에서는 창체 교과(창의적 체험활동)의 진로 활동으로 진로 교육이 학기당 4시간 정도 배정되어 있습니다. 대부분 초등학교에서는 4~6학년 11월쯤 진로박람회를 열기도 합니다. 이 시기는 꿈을 향한 탐색의 기회를 제공합니다. 만약 주간학습안내에 진로 교육이 이루어지는 주간이 있다면 해당 주말은 '골든타임'이라는 힌트를 드리고 싶어요. 해당 주말에는 '꿈을 이루기 위한 방법 찾기'라는 미션을 가져 보는 것은 어떨까요? 여름방학이나 겨울방학을 이용해도 좋습니다. 맞벌이라 시간 내기가 여의치 않다면 부모의 일정 중 여유 있는 주말이나 재량휴업일, 연차를 이용해 보세요.

미션을 이용하여 아이가 최근에 관심 갖게 된 직업과 그 직업에 대해 알아갈 방법을 조금 더 심도 있게 탐색해 보세요. 확고한 관심 분야가 있는 아이라면 더 쉬울 수 있습니다. 엄마 아빠와 방문해 보고 싶은 곳, 체험해 보고 싶은 것, 구입하고 싶은 것이 무엇인지 아이가 직접 생각해 보고 작성하게 합니다. 아이가 작성한 계획서를 보고 부모는 더 좋은 제안을 줄 수도 있고, 해당 제안을 수정하면서 자연스럽게 대화를 나눌 수 있습니다.

만약 아이가 이런 고민이 처음이라 어려워한다면 부모가 슬쩍 미리 찾아봐 둔 대안을 제시할 수도 있습니다. 하지만 가능하면 아이 스스로 꿈을 찾는 주체가 되어 스스로 계획하고 내용을 구성할 수 있도록 해주세요. 11세는 자신을 돌아보고 무언가를 시도할 수 있는 시기입니다. 부모 기준으로 보면 뭔가 마음에 들지 않고 시간만 허비한다고 볼 수도 있습니다. 하지만 아이들은 꿈이 자주 바뀌는 만큼 관심사도 수시로 바뀝니다. 초등학교 시기의 진로 탐색이란 부모의 믿음 어린 시선을 받으며 자유롭게 꿈을 탐색하면서 자아 성취를 하는 것이니, 애정 어린 시선과 지지면 충분합니다.

• 활동 예: 자동차에 관심이 있는 아이

아이: 엄마, 이번에 A회사에서 새로 나온 모델을 소개하는 유튜브를 봤어요. 엄마도 이리 와서 봐요. (함께 시청) 영상으로 보니

새로 나온 자동차에 대해 더 알고 싶어요. 이번 주말에 A회사 박물관에 견학 가고 싶어요. 가서 자세하게 알아보고 싶어요.

엄마: A회사 홈페이지에 보니 예약하면 시승도 해볼 수 있대. 엄마가 예약되는지 확인해 볼게. 새로 나온 모델의 어떤 점이 궁금해서 직접 보고 싶어?

아이: 디자인도 디자인이지만, 엔진이 어떻게 생겼는지 보고 싶어요.

엄마: 견학 가서 묻고 싶은 것이나 알고 싶은 것을 잘 정리해 두는 게 어때? 이왕 가는데 궁금한 것을 다 물어봐야지.

아이: 네, 좋아요. 제 꿈 계획서에 궁금한 질문을 빠트리지 않고 적어 볼게요.

엄마: 기사에서 보니까 A회사가 올해 수출 실적도 좋대. 자동차에 관심이 많으니 A회사에 투자해 보는 것은 어때? 네 꿈통장에 꽤 많은 돈이 모인 것 같은데.

아이: A회사와 B회사 모두 좋아서 둘을 비교해 보는 중이에요. 조금 더 고민해 볼게요.

• **활동 예: 연예인에 관심이 있는 아이**

아이: C그룹이 새 앨범을 냈는데 타이틀곡이 엄청 좋아요. 이번에 D엔터테인먼트에서 여자 아이돌도 나온다는데, 연예인도 보고 싶고 D회사가 어떻게 생겼는지도 너무 궁금해요.

아빠: D회사가 ○○역 근처에 있구나. 이번 주말에는 가족 모임이 있으니 다음 주에 아빠가 연차 내볼게. 그때 가 보면 어때?

아이: 네, 알겠어요.

아빠: 그동안 D엔터테인먼트 회사 소식도 아빠에게 얘기해 주렴.

아이: 헤헤. 그거야 자신 있죠. 이번에 나오는 여자 아이돌 멤버는 한국인은 1명밖에 없고 나머지는 모두 외국인이에요. 다 너무 예쁘고 노래와 춤 실력이 엄청나요.

아빠: 그건 아마도 D엔터테인먼트에서 세계 시장을 겨냥하고 외국에서 소통할 수 있도록 외국인 멤버 위주로 구성한 것 아닐까? 세계적으로 큰 인기를 얻으려는 전략으로 말이야.

아이: 그렇군요. C그룹이 이번 콘서트는 유튜브로 했어요. 직접 가서 보지 못해도 실감 날 정도로 멋졌어요.

아빠: 넌 무대 영상에 관심이 많으니까 네가 그 가수의 콘서트를 기획한다면 어떤 컨셉으로 하고 싶은지, 의상과 무대는 어떻게 꾸미고 싶은지 등등을 구상해 봐. 혹은 네가 엔터테인먼트의 CEO라면 어떤 아이돌로 구성하고 싶은지 생각해 볼 수도 있지.

아이: 네, 생각만 해도 너무 좋아요.

부모는 자녀의 경제적 자유를 위한 재테크 고수가 아닐 수 있습니다. 부모가 큰 자산을 자녀에게 물려주지 못할 수도 있죠. 하지만 경제적 자유를 위해 같이 뛰어주는 페이스메이커는 될 수 있습니다. 꿈에 대해 함께 탐색하고 같은 방향으로 걸어갈 꿈 매니저가 되어 주세요.

황금알을 낳는 거위 만들기 프로젝트(자산 형성)

경제적 자유를 얻기 위해서는 '자산'을 형성해야 합니다. 아이가 무엇인가를 사거나 쓰기 위한 목적을 가진 저축은 해보았을 것입니다. 이를테면 친구 생일선물 비용 마련, 컴퓨터 구입, 자전거 구입 등을 위한 저축입니다. 이러한 형태의 저축은 쓰기 위한 목적의 저축입니다. 이번에는 자산을 형성하는 저축을 하려 합니다. 돈이 돈을 낳는 일명 '황금알을 낳는 거위 만들기 프로젝트'입니다.

황금알을 낳는 거위 이야기가 있습니다. 가난한 농부가 농장에서 키우던 거위 한 마리가 있었는데, 그 거위가 낳은 알에서 황금빛이 났습니다. 혹시나 하고 알을 자세히 살펴보았더니 진짜 황금으로 된 알이었습니다. 그 뒤로도 거위는 계속해서 황금알을 낳았고, 그 덕분에 농부는 황금알을 시장에 내다 팔아 돈을 많이 벌게 되었습니다.

그러던 어느 날, 농사일을 하기가 싫어진 농부가 황금알을 낳는 거위의 배를 가르면 훨씬 더 많은 황금알이 쏟아져 나오리라 생각했습니다. 농부는 거위를 잡아 배를 갈랐지만, 거위의 배에서는 황금알을 찾을 수 없었습니다.

자산을 형성하기 위해서는 먼저 저축을 해야 합니다. 돈을 쓰지 않기 위해서입니다. 안 쓰려면 돈을 왜 모으느냐고 반문할 수 있습니다. 이유는요, 이런 방법으로 저축을 하면 더 많은 돈을 모을 수 있기 때문입니다. 황금알을 낳는 거위 이야기에 대입해 보면, 거위는 돈을 의미합니다. 돈을 모아 두면 이자를 얻게 되는데 황금알이란 바로 그 이자나 배당을 말하는 것입니다.

1천만 원에 5퍼센트의 이자(배당)를 받게 된다면, 1년에 50만 원이 생깁니다. 그러면 한 달에는 4만 원이 생기게 돼요. 심지어 본래의 돈 1천만 원에는 전혀 손을 대지 않고도 말입니다. 1천만 원은 황금알을 낳는 거위인 셈이니 죽이지 않고 잘 키워야 계속해서 황금알을 낳을 수 있겠지요.

하지만 돈을 모으다 보면 갖고 싶은 것을 사고 싶어지는 순간이 있습니다. 예를 들어 150만 원 정도 모으고 나면 그것으로 최신 노트북을 살 수 있습니다. 하지만 그것을 사는 순간 거위를 죽이는 것과 같게 됩니다. 그렇지 않으려면 계속 저축하여 자산을 늘려야겠지요. 그러면 얼마 후에 이자(배당)를 합친 금액만으로 읽고 싶은 책을 살 만큼 돈을 모으게 됩니다. 원래 모았던 원금은 손대지 않고요. 매달 들어오는 이자(배당)만으로 이 노트북을 살 수 있는 날이 옵니다.

아이에게 매달 들어오는 용돈이나 비정기적으로 들어오는 세뱃돈과 같은 돈을 모두 저축하라는 뜻이 아닙니다. 만약 정기적으로 용돈을 받는다면 그 돈을 용도에 따라 나눌 수 있습니다. 그래서 제일 많은 부분은 자산을 형성할 황금거위통장에, 다른 한 부분은 꿈통장에, 또 한 부분은 소비통장인 용돈으로 쓰는 식입니다. 저축에 우선순위를 정해 보는 것입니다.

어떻게 해야 가장 잘 나누는 것일까요? 그것은 아이가 정한 목표가 무엇인지에 달려 있습니다. 세뱃돈이나 조부모, 친척에게 받은 비정기적 용돈도 용도에 따라 나누어 저축해 보는 겁니다. 큰돈이 들어오기 때문에 자산을 형성할 저축에 가속도가 붙을 수 있습니다. 황금알을 낳는 거위 프로젝트에 용돈의 10퍼센트만이라도 꾸준히 저축한다면 20년 후 아이는 얼마만큼의 자산을 모을 수 있을까요? 목돈을 마련해서 한꺼번에 써버린다면 황금알을 낳는 거위는 없어집니다. 자산을 형성하기 위한 황금 거위 프로젝트의 가장 좋은 적용은 어릴 때부터 시작하는 것입니다. 아직 시작하지 않았다면 바로 지금 시작하는 게 가장 좋습니다.

엄마, 뉴스 보니 CU 김밥 가격이 또 올랐대요! (경제 대화)

"**선생님, 뉴스에서 보니 CU에서** 김밥 가격이 또 올랐다고 하더라고요. 근데 라면이랑 콜라도 가격이 올랐어요."

"그래. 게다가 달걀 가격이 많이 올랐지? 수박도 3만 원까지 하는 걸 봤어. 돈의 가치가 갈수록 떨어지니 큰일이다."

"돈의 가치요? 돈에도 가치가 있어요?"

돈에도 가치가 있습니다. 돈의 가치는 경제 상황에 따라 오르기도 하고 떨어지기도 합니다. 예전에는 만 원이면 천 원짜리 과자를 10개나 살 수 있었지만, 요즘에는 천 원짜리 과자가 거의 없습니다. 불과 몇 년 전만 해도 5만 원이면 일주일 치 먹을거리로 장바구니가 가득 찼는데 이제는 같은 물건을 담았는데도 10만 원을 훌쩍 웃돕니다. 황당하고 허탈한 감정, 저만 느끼는 것은 아니겠죠?

이렇듯 같은 돈으로 살 수 있는 물건의 수가 줄어드니 돈의 가치가 떨어졌다고 말할 수 있습니다. 물가가 내려가기보다 오르는 경우가 더 자주 발생하는데, 이처럼 물가가 계속해서 오르는 현상을 '인플레이션'이라고 합니다. 경제 전문가들은 이러한 인플레이션 상황이 더욱 가속화되어 초인플레이션 사회를 코앞에 두고 있다고 말합니다. 각국에서는 침체된 소비 심리를 해결하기 위해 시중에 많은 돈을 쏟아부으며 경제를 살리려고 애쓰기도 합니다.

앞서 설명한 인플레이션은 그저 경제 개념이 아니라, 우리가 현재 처한 상황입니다. 우리가 실생활 속에서 경험하는 모든 것이 경제입니다. 아이가 살아가는 세상도, 앞으로 살아갈 세상도 경제와 밀접한 관련이 있습니다. 이미 어른이 된 우리가 직면한 현실에 아이들이 조금 더 슬기롭게 대처하도록 어떻게 도움을 주면 좋을까요?

유튜브 "세금 내는 아이들"이라는 채널에 대해 들어본 적 있나요? 이 채널은 초등교사 옥효진 선생님이 아이들에게 실생활에서 진짜 필요한 경제 지식을 학교에서 가르쳐 주고 싶다는 마음에서 시작했다고 합니다. 저도 교사로서 해당 채널에서 선생님의 학급 운영 방식을 살펴보았는데, 학생들이 서로 의사소통하며 현재 자신들이 처한 문제 상황을 어떻게 대처할지 스스로 결정하고 책임지는 것을 통해 경제 지식을 저절로 알아가도록 구성했다는 점이 눈에 들어왔습니다.

이처럼 시대상을 반영하여 학급을 운영하듯이 가정에서도 적용할 수 있습니다. 아이가 처한 문제 상황에 대해 스스로 대처 방법을 찾고 결정하고 결과에 책임지는 것을 연습하는 것입니다. 특히 대화를 통해서 말입니다. 가족과 굵직하게 관련된 일(생일 준비, 가족 여행, 학원 선택, 애완동물 돌봄 등)도 아이와 함께 의사소통하며 결정하는 것이 좋습니다.

예를 들어, 아이가 친구들이 많이 다닌다는 학원에 다니고 싶다고 합니다. 그렇다면 그 학원을 왜 가고 싶은지, 얼마나 다닐 것인지(기간) 생각해 봅니다. 그리고 현재 우리 가정의 재정 상황을 아이의 수준에 맞추어 간단히 설명합니다. 어느 정도의 예산을 추가로 투입할 수 있는 여력이 되는지, 부족하다면 어떤 부분의 비용을 줄일지도 나눠 봅니다. 새로 보내는 학원의 학원비를 1년 치 계산하면 생각보다 많은 액수가 나와 아이가 놀랄 수 있습니다. 그래서 한 번쯤 다시 심사숙고하게 됩니다. 만약 아이가 그저 친구들과 어울리기 위해 학원 이야기를 꺼냈다면, 이 비용을 투자할 만한지 고민할 것입니다. 학업에 정말 필요해서 요청했다면 다른 보완 방법이 없는지 고려할 것이고요. 혹은 일정 기간만 다녀 보겠다는 또 다른 의견으로 합의할 수도 있습니다.

아빠의 생일을 앞두고 있다면 어떻게 할까요? 언제로 할지, 무엇을 먹을지, 어떤 선물을 준비할지, 선물을 각자 할지, 용돈을 모아서 가족 구성원이 함께할지 등 결정할 사항이 많습니다. 그 과정에 아이도 의사결정의 구성원이 되어 함께 참여해 보는 것이 중요합니다.

그동안 집안의 대소사를 부모가 주도하여 진행했다면, 이제는 아이의 의견도 묻고 더 좋은 대안을 제안하고 선택할 기회를 주는 것입니다.

경제 원리로 돌아가는 세상을 알아가는 데 도움이 되는 또 다른 방법이 있습니다. 유튜브, TV뉴스, 라디오, 카드 뉴스 등 이용할 수 있는 매체는 무궁무진합니다. 이제 아이가 세상을 향해 던지는 질문에 '너는 아직 어려서 몰라도 돼'라며 넘기지 말고, 매체를 활용해 보세요.

저는 저녁 식사가 끝나고 식탁을 정리하고 나면 10분 정도 짧게나마 TV 뉴스를 봅니다. 하루에도 몇 번이나 스마트폰으로 뉴스의 머리기사를 훑고 몇몇 주요 기사도 읽지만, TV 뉴스에서 생생히 펼쳐지는 영상으로 세상 이야기를 보는 것이 재미있습니다. 제가 뉴스를 좋아하니 아이들도 덩달아 그 시간이 되면 제 옆에 앉기 시작했습니다. 그러다 자료 화면으로 나오는 영상을 가리키며 묻기 시작했습니다. '엄마, 저거는 뭐야? 이건 뭐 하는 거야?' 하고요. 아이들이 궁금해하니 대답해 주기 시작했는데 의외로 쉽게 이해하더군요. 무릎을 탁! 치며 '그렇구나' 하는 것을 보면 기특하기도 합니다. 아이의 그 모습이 좋아 저도 신이 나서 더 설명해 주게 되었고요.

경제 습관은 하루아침에 만들어지지 않습니다. 경제 습관은 경제에 관한 관심에서 시작된 경제 지식을 차곡차곡 쌓아 나가, 지식을 바탕으로 자기만의 기준을 만들어가는 경제 사고력을 갖추게 합니다.

경제 대화는 경제에 관한 관심과 호기심에서 시작되고, 부모와 대화하며 알게 된 세상 경험은 아이의 앞날에 큰 자산이 될 것입니다.

꿈을 이루는
1퍼센트의 비밀(정리 정돈)

"주변을 정리하면 마음에 평화가 찾아온다."
— 그레첸 루빈 (습관 전문가)

　　주변을 잘 정리하는 습관은 경제적 자유를 이루기 위한 비밀 병기입니다. 정리 정돈의 효과는 어마어마합니다. 자기 주변을 잘 정리 정돈하는 것은 일을 체계적으로 계획하여 실행한다는 뜻입니다. 정리 정돈은 일의 우선순위에 맞춰 추진하는 능력을 갖추도록 도움을 주며, 시간과 몸, 마음을 잘 관리하는 것까지 영향을 줍니다.
　　아이들은 자신의 물건을 제자리에 두고, 자신의 공간을 정리하고, 책상 위를 정돈하면서 깔끔해진 결과를 눈으로 확인하며 뿌듯함, 성취감을 느낍니다. 이러한 성취감은 작은 성공을 경험하는 것이지요. 가정과 학교에서 배운 이러한 정리 습관은 훗날 아이가 자라며 공부를 하고, 미래를 계획하며, 사회생활을 할 때도 큰 도움이 됩니다. 정리 정돈의 습관은 크게 두 가지로 나눕니다.

첫째, 물건을 정리하는 습관입니다.

어린이집이나 유치원에서도 자기 가방을 스스로 놓고, 신발 정리, 낮잠 이불 정리하기를 배웁니다. 초등학생들은 저학년부터 미니 빗자루를 들고 하교하기 전 자기 주변을 청소합니다. 아이 방 정리도 아이 스스로 충분히 할 수 있습니다. 정리 정돈의 기본 원칙은 물건을 제자리에 두는 것과 불필요한 물건을 치우는 것, 사지 않는 것입니다. 물건마다 제자리가 있습니다. 물건 정리가 아직도 어렵다는 아이의 생활을 잘 살펴보면, 물건을 어디에 두어야 하는지 모르는 경우가 많습니다. 처음에 물건의 제자리를 정해 주면 아이 혼자 충분히 정리할 수 있습니다.

충동적으로 산 물건, 누가 주었지만 더는 사용하지 않는 선물 등 아이 주변에 물건이 너무 많다면 공간을 정리하세요. 사고 싶다고 다 사서는 안 되고 더는 사용하지 않을 물건은 정리하거나 버려야 합니다. 물건을 새로 사지 않고 불필요한 물건은 정리하기만 해도 방 정리는 수월합니다.

둘째, 생활을 관리하는 습관입니다.

생활 관리의 핵심은 흐트러지지 않기입니다. 과식하거나 몸에 나쁜 음식을 자주 먹는다면 생활 관리에 소홀하다는 것입니다. 필요 이상의 음식을 소비하는 습관은 건강을 해치는 지름길이고, 몸 건강을 해치면 결국 마음 건강도 나빠질 수 있습니다.

정돈된 생활은 정돈된 몸가짐으로 이어집니다. 교실에서 깔끔한 인상 덕에 값비싼 옷을 입지 않아도 많은 친구에게 호감을 주는 아이가 있습니다. 깔끔한 인상은 가지런히 자른 손톱, 건강하고 탄탄한 몸, 곧게 편 자세, 자신감 있고 다정한 말투, 여러 가지 반찬을 골고루 적당히 담은 식판, 상대방을 배려하는 마음가짐, 속상한 일이 있어도 이내 평정심을 찾는 감정의 회복탄력성 등 여러 가지 면모가 어우러져 나타납니다. 상대방에게 호감을 얻는다는 것은 스스로의 가치를 남에게 인정받는다는 것입니다. 나를 좋게 보아주는 사람의 반응을 통해 자신이 괜찮은 사람이라는 확신을 가질 수 있습니다.

경제적 자유를 얻기 위한 경제적 습관 중 정리 정돈은 결국 물건, 몸, 마음을 정비하는 것입니다. 우리가 익히 아는 자산가, 기업가는 생활이 심플합니다. 그들의 일상은 무엇이든 한눈에 알기 쉽도록 정돈되어 있습니다. 돈의 흐름도 알기 쉽고, 돈을 쓸 때와 아낄 때의 사고방식도 단순합니다. 심플하지만 분명한 규칙이 있는 삶입니다.

걷기 앱과 함께 챙기는 내 아이 건강(일석이조)

//

체력이 국력입니다. 만고불변의 진리입니다. 아이가 초등학교 졸업 후 중학교, 고등학교 6년의 긴 레이스를 흔들림 없이 완주하려면 체력이 가장 중요하지요. 특히 입시를 앞둔 고2, 고3 때 병원을 들락거리며 시간 낭비하지 않으려면 아이가 한 살이라도 어릴 때 운동하고 올바른 자세를 유지하도록 부모가 도와야 합니다. 기초 체력은 공부체력으로 이어지는 마라톤과 같습니다. 더 나아가 행복한 인생을 살기 위해서도 건강 관리는 필수입니다.

건강은 알뜰한 가정 경제에도 도움이 됩니다. 비염과 감기를 달고 사는 아이의 병원비만 해도 일 년이면 기본 10만 원이 훌쩍 넘습니다. 고학년 담임교사일 때는 자세가 좋지 않아 척추측만증이나 디스크 경계에 있는 아이들도 여럿 보았습니다. 허리가 아프다는 아이를 위해 도수 치료, 재활 치료를 다니며 늘 염려하던 학부모를 만나

보면 장시간 앉아 있거나 활동하는 데 어려움을 겪는 자녀에 대한 걱정뿐 아니라 병원비 지출로 인한 가정 경제도 걱정거리라고 이야기합니다.

총 12년간 이어지는 긴 학교생활 동안 내 아이가 공부 저력을 발휘하기 위해, 튼튼한 체력을 키우기 위해, 잔병치레하지 않는 아이로 자라기 위해, 아이와 대화 시간을 늘리기 위해 걷기 앱을 이용해 걷기 운동 시간을 늘려 보길 추천합니다.

스마트폰의 앱 스토어에서 잠시만 검색해 보면 다양한 걷기 앱이 있습니다. 저는 '캐시 워크'라는 애플리케이션을 3년째 이용 중입니다. 이 앱은 하루에 1만 보를 걸으면 하루에 100캐시씩 보상해 줍니다. 그리고 저는 캐시워크와 연동되는 '캐시인바디'라는 체중계를 구매했는데, 매일 이 체중계로 몸무게를 재면 10일 단위로 1,000, 1,500, 2,000캐시씩 줍니다. 한 달 동안 매일 체중을 재어 왔는데요. 그러면 꽤 많은 캐시가 쌓입니다. 그 캐시를 커피 쿠폰으로 바꿔 여유 있는 커피 타임도 가졌고요, 햄버거 세트도 사 먹어봤습니다. 화장품이 똑 떨어졌을 때는 화장품 쿠폰으로도 바꿔서 화장품도 샀습니다.

캐시를 모으기는 쉽지만 많은 돈

걸음수에 따라 캐시나 포인트를 적립해 주는 앱을 활용하면 건강과 경제성을 함께 잡을 수 있다.

이 모이지는 않습니다. 앱마다 다르지만 제가 쓰는 앱에서는 꾸준히 매일 걸어도 하루에 최대 100캐시만 받을 수 있습니다. 하지만 매일 100캐시를 모으면 한 달이면 3,000캐시입니다. 티끌 모아 태산, 캐시 모아 쿠폰입니다. 돈을 쓰지 않아도 먹고 싶은 햄버거를 먹을 수 있고, 물건도 살 수 있습니다. 일상에서 작은 성공을 맛보게 하는 것, 꾸준히 할 만한 건강 습관을 만들어 주는 것이 좋다고 봅니다.

만약 자녀에게 스마트폰이 있다면 걷기앱을 설치하고 매일 저녁 아이와 산책하러 나가면 어떨까요? 함께 동네 한 바퀴를 돌며 학교 생활도 듣고, 요즘 무엇에 관심 있는지 이야기도 나누고요. 과묵한 아이라 아무 이야기 안 하면 또 어때요. 같이 공원을 돌아도 좋고, 산책로를 걸어도 좋습니다. 학교 운동장을 돌거나 요즘 배우는 음악줄넘기를 연습해도 좋습니다. 카드나 현금 없이 핸드폰만 들고 나가서 동네 마트를 탐색하기도 하고, 코인 세탁소를 구경해도 재미있습니다. 세상은 이렇게 관점만 달리하면 아이와 나누어 볼 만한 대화거리가 무궁무진합니다.

자녀와 함께 땀방울 송골송골 맺히도록 재미나게 동네 한 바퀴를 돌면 벌써 5,000보 이상은 걸었을 겁니다. 벌써 50캐시 모였겠네요. 걷기 앱, 강력히 추천합니다.

한 걸음 더! 이러한 건강 정보 연동 앱에서 캐시 혹은 포인트를 왜 줄까요? 원리는 무엇일까요? 빅데이터 시대에는 많은 사람의 정보가 곧 재산입니다. 한 사람의 건강 기록 자체가 데이터가 되고 개

개인의 데이터가 모여 기업의 제품 개발이나 마케팅에 필요한 정보가 됩니다. 캐시 혹은 포인트는 그 정보에 대한 보상이라고 생각하면 됩니다. 또한 해당 앱이 인기가 있어야 광고를 하려는 광고주도 많아집니다. 앱 이용자가 많아야 광고 수익도 올라가므로 해당 앱을 더 많이 이용하도록 유도하고자 캐시나 포인트를 제공합니다.

알뜰한 여가생활 꿀팁 (가성비 여가)

매주 주말마다 아이와 어디를 갈지 고민입니다. 포털사이트 검색창에 '아이와 갈 만한 곳'이라고 검색하면 수많은 장소가 어서 오라고 손짓합니다. 놀이동산, 테마파크, 글램핑, 캠핑 등 갈 곳도 많고 멋진 곳도 많지만 한 번 다녀오면 4인 가족 10만 원 이상 지출은 기본입니다. 여름방학과 겨울방학이라 휴가를 떠나려면 하필 휴가 극성수기입니다. 휴가로 유명한 지역의 호텔, 리조트는 모두 예약 완료고요. 심지어 1박 2일 숙박 비용이 우리 아이 한 달 학원비를 웃돕니다. 눈 딱 감고 예약해야 할지 말지 참 고민됩니다.

그런데 비용을 많이 들여야만 좋은 경험을 할 수 있는 것은 아닙니다. 비용을 많이 들였는데 그에 맞는 만족감을 얻지 못하면 속상한 기분이 들 것입니다. 자녀를 키워 보았다면, 아이들은 어릴 적에 어디에 갔는지, 무얼 먹었는지 다 기억하지 못한다는 것을 잘 알 것입니다. 영화 〈인사이드 아웃〉속 한 장면처럼 아이에게는 찰나의 행복한 순간이 특별한 기억으로 남을 뿐이지요. 그러니 혹여 다른 가족처럼 비싼 휴가를 즐기지 못한다고 미안해하지 않았으면 합니다. 아이와 '소비'하기보다 좋은 경험을 '소유'하는 것에 집중하세요.

우리 근처, 지역에는 지역 주민을 위한 서비스가 생각보다 다양하게 제공됩니다. 큰 비용을 들이지 않고도 아이와 좋은 경험을 나눌 만한 몇 가지를 소개합니다.

• 지역 기관 활용

지역마다 그 지역의 문화재단이 있습니다. 문화재단은 해당 지역의 문화예술, 평생교육 분야를 주관하는데, 시민 누구나 문화예술을 누리고 배움을 지속할 수 있도록 문화예술회관, 평생학습원, 생활문화센터 등을 운영합니다.

지역 문화예술회관에서는 뮤지컬, 연극, 클래식, 국악, 재즈 등 다양한 장르의 공연을 볼 수 있고 어린이를 대상으로 하는 문화예술 교육 강좌도 운영합니다. 평소 아이가 관심을 가졌던 운동, 미술, 악기 등을 저렴한 가격에 배울 기회가 되니 지역 문화재단 홈페이지에 가 보는 것은 어떤가요?

지역 생활문화센터는 문화 활동을 하고자 하는 개인, 동호회 등을 위한 연습·발표 공간과 함께 지역 문화공동체 형성을 위한 주민 커뮤니티 공간, 북카페, 공연장 등 자유롭게 이용할 수 있는 주민 커뮤

니티 공간입니다. 지역 생활문화센터는 문화체육관광부에서 2014년부터 현재까지 지역맞춤형 생활문화공간 조성을 지원하는 방안으로 마련되었습니다. 2014년부터 누적 175개 센터가 참여하였으며 프로그램 예산 확대를 통해 지역 맞춤형 프로그램을 시행하였습니다. 지역 상황에 맞는 다양한 형태의 프로그램 추진과 유형을 발굴하기 위하여 공동체 형성 및 강화 프로그램, 생활문화 콘텐츠 개발 프로그램, 사회적 가치 확산 프로그램 등을 통해 주민참여 생활문화 프로그램을 운영하고 있습니다.

제가 사는 지역의 생활문화센터에서 아트마켓을 운영한 적이 있습니다. 아트마켓은 해당 지역에 거주하는 작가와 시민이 연결되어 다양한 작품을 전시하고 관람할 수 있는 공간입니다. 누구나 편히 쉬어 갈 수 있어서 더운 여름에 땀도 식히고 읽고 싶은 책도 읽을 수 있는 휴식 공간이 되었습니다.

건강가정·다문화가족 지원센터도 있습니다. 이곳에서는 가족의 위기와 해체를 예방하기 위해 가족 구성원들의 역량을 키우고, 유대감을 키우기 위한 목적으로 가족교육, 부모교육, 자녀 양육과 관련된 프로그램을 진행합니다.

다문화가족, 한부모가족, 재혼가족, 조손가족, 1인가구 등 다양한 형태의 가족들을 지원하기 위한 목적으로 운영됩니다. 홈페이지에 방문해 보면 자녀 양육 태도 검사, 자녀 소통 교육을 하면서 가족과 함께 캠핑 요리 만들기, 영유아 자녀와 과자 집 만들기, 다문화 자녀를 위한 진로교육 등 가족의 형태에 따라 맞춤형 프로그램이 상시 접수 중입니다.

저는 제 아이들에게 다양한 경험을 많이 주고 싶은 욕심 많은 엄마인데요, 이 기관 홈페이지에 수시로 들어가 보면서 아이의 연령에 맞는 프로그램을 신청합니다. 덕분에 요리하기(케이크 만들기, 구슬 가래떡 만들기), 텃밭 채소 가꾸기, 비누 만들기, 집콕 놀이 등 아이들이 좋아하는 활동을 무료로 경험해 보았습니다. 주로 선착순 접수가 많으니 해당 일시에 빠르게 접수하는 공을 들여야 하는 것 잊지 마세요.

• 도서관 활용

'도서관은 책만 읽는 곳'이라는 편견을 버리세요. 요즘은 도서관에 카페가 있습니다. 프랜차이즈 카페보다 훨씬 저렴한 가격에 신선하고 맛있는 커피가 준비되어 있습니다. 심지어 오랫동안 머무른다고 눈치 주는 사람도 없습니다. 읽고 싶은 책을 마음껏 읽을 수 있고 디지털 열람실에 가서 보고 싶은 영화도 예약만 하면 무료로 볼 수 있습니다.

저는 신간이 나오면 지역 도서관에 희망도서를 신청합니다. 그러면 새 책도 제일 먼저 읽어 볼 수 있습니다. 우리 지역 도서관 리스트를 찾아보고 맛집 탐방하듯 도서관 맛집을 하나씩 들러 보는 것은 어떨까요?

• 생태공원 활용

지역마다 명소가 있듯 요즘은 멋지게 꾸며놓은 생태공원도 많습니다. 포털사이트에 '생태공원'을 검색하여 가까운 공원으로 산책도 가고 참여할 만한 프로그램이 있는지도 살펴보세요. 제가 다녀온 몇 곳을 추천해 봅니다.

초막골 생태공원(경기도 군포시)은 수리산의 자연적인 환경과 조선시대 역사유적 등의 문화유산을 겸비한 생태문화공간입니다. 초막골 생태공원은 수리산 도립공원, 철쭉공원과 연결되어 있습니다. 특히 봄, 가을에는 도시락을 싸들고 가족 단위로 피크닉을 나온 나들이객으로 문전성시를 이루기도 합니다. 초막골 생태공원은 사계절 생태계를 오감으로 체험할 수 있어 영유아부터 초등 자녀가 있는 가족에게 주말 나들이 장소로 추천하고 싶은 장소입니다. 생태문화 특별 프로그램(자연공예놀이, 자연관찰 드로잉, 주말 숲 체험 학교 등)도 운영합니다(참고 사이트 https://www.gunpo.go.kr/chomakgol/index.do).

시흥 갯골 생태공원(경기도 시흥시)은 경기도 유일의 내만 갯골과 옛 염전의 정취를 느낄 수 있는 생태공원으로 2012년 국가습지보호구역으로 지정되기도 했습니다. 매년 시흥갯골축제도 열립니다. 염전 체험 프로그램을 신청하여 체험해 볼 수 있습니다(참고 사이트 https://www.shsi.or.kr/PageLink.do).

문암 생태공원(충청북도 청주시)에는 청주의 무심천을 옆에 끼고 있는 생태공원 캠핑장이 있습니다. 일요일~목요일 8,000원, 금, 토, 공휴일에는 1만 원에 캠핑장을 예약할 수 있어서 저렴합니다. 캠핑장 옆에는 생태공원이 있어 1박 2일 동안 가족과 즐거운 추억을 만들 수 있습니다(참고 사이트 http://munam.cheongju.go.kr/index.jsp).

긍정 확언으로 아침 시작하기(긍정적인 태도의 효과)

우리 교실의 아이들은 매일 아침 등교하면 자기 자리를 정리한 후 아침 글쓰기를 합니다. 일명 '옹글샘'이라고 합니다. 날마다 아침 샘물을 마시듯 주제를 정해 1~3문장의 짧은 글로 하루의 옹근 생각을 열어갑니다. '옹글다'는 매우 실속있고 다부지다는 의미의 아름다운 우리말입니다. 이렇게 아이들은 옹글샘을 쓰며 매일 아침 생각 근육을 키웁니다. 그날 아침 기분을 쓰는 아이, 등굣길 느낌을 적는 아이, 오늘의 각오를 힘차게 적는 아이도 있습니다. 그런데 그날따라 한 아이의 표정이 어두웠습니다. 도저히 쓸 말이 생각나지 않는다고 하더라고요. 그래서 저는 이 문장을 매일 써보는 것은 어떨지 제안해 보았습니다.

나는 날마다 모든 면에서 조금씩 나아지고 있다.

아이는 속는 셈치고 이 문장을 썼습니다. 다음 날이 되자, 저에게 묻지 않고 씁니다. 그렇게 1학기가 지났습니다. 1학기의 마지막 날인 방학식을 마친 뒤, 아이에게 문자 메시지가 왔습니다. 매일 쓴 한 문장 덕분에 자신이 좀 더 나은 사람이 된 듯하다고요. 그런 아이의 마음이 대견했습니다.

긍정 확언으로 365일 아침을 맞는 사람과 아닌 사람의 1년 후는 어떻게 달라질까요? 인간은 자신의 신념과 일치하는 정보를 쉽게 받아들이는데, 만약 늘 긍정적 가능성을 가지고 확신하는 사람이라면 좋은 정보와 가능성을 더 많이 알아보고 제 것으로 삼게 되지 않을까요? 긍정 확언으로 도움을 받은 건 저의 이야기이기도 합니다. 샤샤영어(1일1영어)로 매일 영어 공부를 하면서 알게 된 긍정확언을 노트에 매일 써 나간 적이 있어요. 제 자신의 가능성을 확신하고 다짐하니 제가 계획했던 꿈에 한 걸음씩 다가가게 되었습니다. 그중 한 가지인 제 이름을 건 책을 출간하는 바로 오늘과 같은 날도요.

앞으로 아이가 살아가는 나날 동안 어찌 꽃길만 있을까요. 꽃길만 걸으라는 바람은 인생에 꽃길이 펼쳐지기 힘들다는 반증이기도 합니다. 아이는 앞으로 마주하게 될 여러 가지 인생의 계단을 한 계단씩 넘겠다는 마음가짐으로 살아야 합니다. 아이는 자신을 믿어 주는 부모나 어른의 기대만큼 자랍니다. 아이 스스로도 자신을 아끼고 믿어야 자랍니다. 사람은 생각하는 대로 말하게 되고, 말하는 대로 살게 됩니다. 낙관적으로 생각하는 사람은 '괜찮아' '할 수 있어' '잘 될 거야'라는 말을 자주 사용합니다. 자신을 신뢰하면 실패하고 넘어질 때도 스스로를 위로하고 토닥이며 일어나는 회복탄력성이 자랍니다. 그리고 자신과 같은 어려움에 부닥친 사람의 마음을 깊이 공감하며 다른 사람을 일으켜 주는 마음 씀씀이도 가집니다. 이는 리더십과 협업 능력을 키우는 자양분이 되고요.

주위를 둘러보세요. 긍정적인 태도를 가진 사람에게는 유독 많은 사람이 파트너로 함께합니다. 같은 일을 해도 그런 사람과 함께하고 싶다는 매력을 느낍니다. 하는 일에 최선을 다하고, 성실하며, 긍정적인 태도로 매사를 바라보는 사람은 뭔가 강인한 빛이 나는 듯합니다. 학급에서도 긍정적인 태도로 생활하는 아이는 외모가 빼어나거나 뛰어난 능력이 보이지 않더라도 많은 친구가 친해지고 싶어 합니다. 모둠 활동도 함께하고 싶어 합니다.

말에는 힘이 있습니다. 말하는 순간, 실제로 그렇게 되기 위한 행동으로 이끌어 줍니다. 말문을 열면 생각이 열리고 행동이 실현됩니다. 긍정적인 태도는 구체적인 목표와 실행력까지 따라오게 합니다. 내 미래는 잘될 것이라고 믿는 마음으로 미래를 그려가는 아이는 점점 더 구체적으로 계획할 줄도 알게 됩니다.

내 미래는 분명 빛날 거야. 지금부터 내 미래에 내 시간과 용돈을 투자할 거야.

나는 적은 돈이라도 차곡차곡 저축할 거야.

우리 집 가정 형편이 넉넉하지 않더라도 포기하지 않을래. 내 꿈을 위해 지금부터라도 노력해 보겠어.

나는 누군가에게 존경받는 인물이 되어 가족과 사랑하는 사람들을 지켜주며 살고 싶어.

하나를 나누면 열을 얻게 되는 마법(기부)

세계 최대 소프트웨어 업체 마이크로소프트를 창업한 세계 최고의 부호인 빌 게이츠와 아내였던 멜린다 게이츠가 세운 자선단체인 '빌앤멜린다게이츠재단'은 재단 기금만 500억 달러(약 56조 원) 규모로, 이는 2021년 우리나라 정부 예산의 10분의 1 수준이라고 합니다. 민간 자선단체로는 세계 최대 규모라고 하니 어마어마합니다. 규모만 큰 것이 아니라 결핵 문제, 에이즈 문제, 지구촌을 휩쓴 신종 코로나바이러스 사태를 비롯한 전염병 문제 등 인류가 직면한 다양한 문제의 해결에 팔을 걷어붙이는 등 전 세계 자선사업의 흐름을 사실상 선도해 왔다고 해도 과언이 아닙니다.

우리나라의 경우를 살펴볼까요. 김범수 카카오 창업자는 임직원에게 보낸 카카오톡 메시지에서, 앞으로 살아가는 동안 재산의 절반 이상을 사회문제 해결을 위해 기부하겠다는 다짐을 밝혔습니다.

사회를 이끌어 가는 리더는 나눌 줄 압니다. 자신의 성공이 자기 힘으로만 된 것이 아니라고 생각하기 때문입니다. 더 나은 세상이 되기 위해 자신의 수입 일부를 기부하는 미덕, 많은 사람에게 도움의 손길을 나눌 줄 아는 사람의 모습에 사람들은 박수를 칩니다.

기부와 기증은 특별한 사람들이 하는 것이 아닙니다. 누구나 할 수 있습니다. 사람은 누구나 나누고 싶어 합니다. 행동으로 쉽게 옮기지 못할 뿐이지요. 하나를 나누면 열을 얻게 된다는 말을 아이와 함께 경험하게 해주세요. 직접 경험한 것은 몸속에 남아 잊히지 않습니다. 어린 시절 부모님과 함께 기증, 기부를 해본 아이들은 사회인이 되어서도 나누는 삶을 살아갈 확률이 높습니다. 물건과 돈이 아니더라도 나눌 수 있는 것은 많습니다. 아이와 함께 대화해 보세요. 마음을 나누고 나의 작은 능력을 나누다 보면 이 세상은 아이들이 꿈꾸는 대로 따뜻해질 것입니다.

4학년 아이들과 사회 교과 시간에 도덕 교과와 연계한 수업을 한 적이 있습니다. 공공기관의 의미에 대해 알아보고 우리 주변에 어떤 공공기관이 있는지 살펴보았습니다. 그때 한 아이가 '아름다운가게'에 대해 발표하였고 모두 귀를 기울여 친구의 경험을 들었습니다. 그 아이는 우연히 엄마와 함께 아름다운가게에 갔고, 아주 싼 가격에 봄에 입을 점퍼를 샀다고 했습니다. 두 번째로 엄마와 방문할 때는 물건을 사기 위해서가 아니라 나누기 위해 갔다고 하더군요. 그 경험을 통해 아름다운가게는 깨끗하고 흠집이 없지만 더 이상 사용하지 않는 물건들을 기부하는 곳임을 알게 되었다고 했습니다. 기부했을 때 느낌이 어땠는지 물으니 아주 뿌듯했고, 자신한테는 필요 없는 물건이 누군가에게는 필요할 수 있기에 이런 활동이 많아지면 환경도 좋아질 것 같다고 발표했습니다. 친구의 발표를 들은 학급 친구들은 아름다운가게가 동네 어디에 있는지 관심을 가졌습니다.

아름다운가게처럼 기부뿐만 아니라 기증, 봉사활동 등 다양한 활동을 하면서 모두가 함께 나눔과 순환의 세상을 꿈꾸게 하는 곳들이 있습니다. 자원이 순환되니 불필요한 쓰레기도 줄일 수 있어 친환경적입니다.

이번 기회에 아이와 함께 기부할 물건을 정리해 보는 것은 어떨까요? 1년에 두 번 계절별로 정리하면 세 박스 정도는 모으기 쉽습니다. 일주일 정도 기간을 정해 두고 현관 앞에 박스 하나를 놔두는 겁니다. 가족 모두 참여하도록 동기를 부여해 주세요. 이제 사용하지 않는 장난감, 학용품, 옷 등을 스스로 갖다 놓게 하면 더 좋습니다. 물품 기부 업체에 박스를 들고 함께 가서 모든 과정에 참여하게 해 주세요. 어린 시절 직접 체득하는 경험은 절대로 잊히지 않습니다. 아이가 특별한 말을 하지 않더라도 분명 나눔, 도움, 배려의 가치를 배웠을 겁니다.

앞서 목적에 따라 기부통장(저금통)을 만들어 보았습니다. 기부에는 일정한 금액을 정해진 날 기부하는 정기기부와 일정 기간을 적립해 모은 돈을 일시에 기부하는 일시후원이 있습니다. 정기기부는 1

대1로 한 생명과 결연되어 편지와 사진을 주고받으면서 소통하는 지속성 있는 기부입니다. 정기기부로 꾸준히 후원하는 것이 가장 좋지만 들쑥날쑥한 가정 형편의 변동으로 지속하기 어려워 선뜻 시도하기가 망설여진다면 일정한 기간에 모은 기부통장을 의미 있는 날 기부해 보는 것은 어떨까요? 예를 들어 아이의 생일, 크리스마스, 가족에게 의미 있는 특별한 어느 날로요. 일명 '나눔의 날'입니다. 우리 가족의 가족행사 중 기부를 특별한 행사로 잡아 '나눔의 문화'가 있는 가풍을 만들어 가보는 것은 어떨까요?

함께하는 세상임을 알려 주세요(배려)

초등학교 교사는 학급운영과 학생 생활지도, 교과지도 이외에 학교 교육과정 운영에 필요한 몇 가지 일을 맡아서 합니다. 저는 한 학교에서 3년 연속으로 학생자치회 운영이라는 업무를 맡은 적이 있습니다. 학생자치회는 학생들의 의견을 수렴하고 대표하는 역할을 합니다. 학교에서 생활하는 모든 학생이 함께 행복하게 살아가기 위해 민주적 학급 생활협약을 제정하고 운영하는 문화를 형성합니다.

아이들과 함께 학생자치회를 운영하면서 아이들이 민주시민으로 성장하는 것을 돕기 위해 무엇을 가르쳐야 할지 곰곰이 생각해 보게 되었습니다. 그래서 한 가지 가치를 중심에 두고 운영하겠다고 다짐했는데요, 그 가치는 바로 '배려'입니다. 세상은 혼자서는 살 수 없습니다. 더불어 살기 위해 배려해야 합니다. 지금 당장은 불편하지만 서로를 위해서, 미래를 위해서 배려해야 합니다.

배려의 미덕을 함양하기 위해 학생자치회 아이들과 진행한 여러 가지 활동 중 하나는 6월 환경의 달을 맞이하여 진행한 환경 보호 캠페인입니다. 주제는 "레스 웨이스트 less waste", 부제는 "없앨 수 없다면 줄이기부터!"로 정했습니다. '제로 웨이스트'는 쓰레기를 최소화하는 환경 운동입니다. 실제로 쓰레기를 0(zero)에 가깝게 생활하기가 참 어렵습니다. 그래서 쓰레기를 가능하다면 최소화하자는 환경 운동 캠페인을 아이들과 함께 기획해 보았습니다.

분리수거 챌린지 대회를 열어 학생들이 올바른 분리수거 방법을 익혀 보도록 게임 형식으로 준비했고, 지역 내 건강가정·다문화가족 지원센터에서 주관하는 바자회에 참여하여 물자 절약과 환경 순환 사례를 경험해 보았습니다. 학교라는 공간에서 벗어나 지역의 공공 기관과 연계하여 진행해 보니 교사로서도 뜻깊은 시간이었습니다.

분리수거 챌린지를 준비하면서 학교와 가정에서 분리수거가 얼마나 잘 되고 있는지 살펴보는 과정에서 공통적으로 느낀 몇 가지를 나누었습니다. 쓰레기 중에서 플라스틱이 참 많다는 것, 분리수거가 되는 플라스틱의 종류가 제한적이라 실제로 분리 배출되는 양은 적다는 것이었습니다. 페트병은 투명이 아니면 분리배출이 안 되고, 플라스틱 용기는 이물질과 포장지, 테이프를 완전히 제거해야만 재사용되고 그렇지 않으면 쓰레기로 버려질 수밖에 없었습니다.

환경과 경제는 밀접한 관련이 있습니다. 회사는 물건을 판매하고 이익을 얻습니다. 회사의 목표는 최소의 투자로 큰 이익을 내는 것입니다. 하지만 지금의 방식으로 판매한다면 환경을 지킬 수 없을 지경에 이르렀습니다. 그래서 기업 입장에서는 친환경적인 방법으로 물건을 생산하는 쪽으로 변화하고 있습니다. 예를 들면, 포장지가 쉽게 잘 뜯어져 분리배출에 용이한 물품을 만들어 내기 시작했습니다. 세제나 샴푸, 화장품도 용기만 가져오면 채워지는 양만큼만 결제하는 리필refill 방식을 도입하기도 합니다. 온라인 마켓에서는 택배박스 속 완충재를 종이완충재로 바꾸고, 테이프도 완전히 분리배출 되도록 종이테이프로 바꾸는 사례가 늘고 있습니다.

이익을 내야 하는 회사 입장에서는 친환경적인 재료와 물품을 선택할 때 추가 비용이 들어 당장의 이익은 줄어들 수 있습니다. 하지만 시장의 트렌드가 변화하고 있습니다. 소비자의 소비 흐름은 환경을 우선시하는 기업의 제품을 선호합니다. 장기적으로 보아 기업도 이러한 소비 흐름을 읽고 환경을 생각하는 제품을 만들어야 합니다. 이는 환경을 배려하는 것뿐만 아니라 불필요한 자원의 낭비를 막고 선순환시키는 경제 성과도 거둘 수 있습니다. 아이가 리더이자 기업가로 자라길 바란다면, 환경을 배려하는 눈을 키우는 것도 이제는 필수 미덕입니다.

PART ◇4

'부의 미래'로 인도하는
부모와 자녀의
11가지 생각 습관

들쑥날쑥한 용돈이
해가 되는 이유(일관성)

대학 동기인 그녀는 육아 고수였습니다. 그녀의 집은
분명 아기가 있는데 집안이 마치 호수처럼 고요하였죠. 육아 전쟁을
방불케 하는 우리 집과 너무나도 대조된 그곳이 어색했습니다. 한참
그녀와 아이 키우는 이야기를 나누는데 아기가 울기 시작합니다. 백
일을 갓 넘긴 아기인데 분유를 일정한 시간 간격으로 준다고 하였습
니다. 그녀는 아이가 평소에 먹는 양을 노트에 기록해 두어 분유의
양을 늘리거나 줄인다고 하였습니다. 우는 아이의 소리에 귀를 기울
이며 그녀는 딱 4시간째 되는 시각에 유유히 일어나 수유 준비를 했
습니다.

젖병 젖꼭지를 물자마자 쭉쭉 빨아들이는 아이는 꽤 많은 양의 분
유를 다 먹고 젖병을 던지듯 내려놓았습니다. 놀랍게도 아이는 행복
해 보였습니다. 엄마의 일관된 방식 덕분에 아이는 한 번에 먹는 양

이 늘면서 푹 자는 시간도 길어졌고, 일정한 간격의 수유 패턴을 갖는 효자가 되었습니다. 이렇게 엄마의 일관된 행동으로 아이는 안정감을 얻었습니다. 안정감을 얻은 아이는 덜 떼쓰고 부모와 소통을 잘하는 아이로 자랐습니다.

어제는 아이에게 '돈은 모름지기 아껴 써야 해'라고 했다가 오늘은 '사고 싶은 것도 사고 먹고 싶은 것은 좀 먹고 사는 거지'라고 말하는 부모를 보면 아이는 혼란스럽습니다. 육아 고수의 사례를 보면 알 수 있듯이 아이가 보챈다고 원칙을 바꾸지 않습니다. 그렇다고 우는 아이 앞에서 매정하지도 않습니다. 아이의 평소 수유 패턴을 잘 관찰하고 살펴보면서 수유의 양과 텀을 정했으니까요. 일관된 수유 패턴이 아기를 안정감 있게 키울 수 있었던 것처럼, 아이의 상황과 형편을 면밀히 살펴보고 아이가 용돈 습관을 기를 수 있도록 일관되게 도움을 주는 원칙은 우리 아이의 건강한 경제 습관을 들이는 데 효과가 있습니다. 아이가 달라는 대로 주고, 아이가 불평하고 보채면 하는 수 없이 주는 부모에게서 건강한 경제 습관을 가진 아이가 자라길 바라는 것은 욕심이 아닐까 싶습니다.

많은 부모가 초등학교 중학년이면 용돈을 한 달에 얼마나 주어야 하는지 궁금해합니다. 사실 '얼마'에 초점을 맞추기보다 다른 것을 따져볼 필요가 있습니다.

① 아이의 상황을 고려하여 용돈의 양을 정했는가? (부모 마음대로

정하지 않았는가?)

② 용돈 주는 것을 '얼마나 일관되게' 유지하였는가? (아이가 보
챈다고 횟수나 기간을 자주 변경하지 않았는가?)

아이마다 처한 상황도 다릅니다. 아이가 평소 용돈을 어떤 용도로
사용하고 있나요? 아이가 소비하는 용돈의 규모는 어느 정도이며,
얼마나 필요로 하는지 알아야 합니다.

• 학용품 구입

학교에서는 1학기 초에 1년 교육과정 계획을 준비합니다. 학교 예
산으로 교과 학습에 필요한 학습 준비물을 학기별, 학년별로 학생의
인원수만큼 사둡니다. 미술시간, 과학시간 등 준비물이 필요한 교과
수업에서는 학교에서 준비해 둔 학습 준비물로 충분히 사용 가능합
니다. 그래서 옛날과는 달리 학습 준비물을 학생이 사 올 일이 거의
없습니다.

보통 담임교사가 한 주간의 계획표인 주간 학습 안내장을 금요일
에 안내합니다. 꼭 필요한 물건은 준비물 칸에 적어 놓았으니 살펴
보고 구입이 필요한 것만 준비하면 됩니다. 담임교사 입장에서 말씀
드리면 준비물 칸에 준비물을 쓸 때 고심이 됩니다. 학교에서 사용
할 수 있는 것을 최대한 준비해 놓고 꼭 필요한 경우에만 기재하는
편입니다. 그러니 학교 수업 시간에 쓸 준비물을 사야 해서 용돈을

달라는 아이의 말은 한 번쯤 되물어, 반드시 필요한 것인지 살펴야 합니다.

평소에 가방 정리나 책상 정리 정돈을 잘하는 습관을 기른다면 잃어버리는 물건이 적어 새로 사는 수고와 비용을 덜 수 있습니다. 아이의 물건마다 네임 스티커를 붙여두는 것도 도움이 됩니다.

• 간식 구입

방과 후 학교 앞이나 집 앞 편의점, 분식집에서 간식을 사 먹는 아이들이 많습니다. 가정마다 사정이 있어 적당한 금액이 얼마인지 일괄적으로 정할 수 없지만, 용돈의 80% 이상을 간식 구입에 사용한다면 조정할 필요가 있습니다.

• 기부

연말이나 특정 날짜에 환경단체, 시민단체, 종교단체, 유기견 보호 단체에 기부하기 위해 용돈을 따로 떼어 모아놓기도 합니다.

• 비상용 용돈

어른들도 경조사나 사고에 대비하여 비상용 통장을 마련해 두듯, 아이들도 지금 당장 소비하기 위한 통장은 아니지만 비상시에 대비한 여유자금이 필요할 수 있습니다.

• 황금거위 만들기

3장에서 다루었듯 투자하기 위해 용돈의 일부 중 소비하지 않고 자산을 늘이기 위해 저축 통장에 넣어 놓을 수 있습니다.

한 달 동안 사용한 내역을 아이와 함께 살펴보고 용돈을 늘리거나 줄일 필요가 있는지 상의해 보면 어떨까요? 아이의 용돈 사용 내역을 보니 한 달 용돈이 충분하다면 용돈의 양을 그대로 유지할 것이고, 만약 중요한 이벤트(친구 생일, 친구와 약속)를 앞두고 다음 달만 용돈을 더 늘려달라고 요청할 수 있습니다. 이렇게 아이가 의견을 제시하면 부모는 용돈 계획을 아이와 협의하여 수정합니다.

만일 용돈을 받을 때마다 바로 다 써서 친구의 생일에 선물을 살 용돈이 없다고 우는 아이라면 계획적으로 용돈을 관리했다고 할 수 있을까요? 특별한 이슈가 예정되어 있다면, 기존의 씀씀이를 줄여서 계획적으로 돈을 모아 두는 방식을 알려주고, 아이 스스로 계획을 세우고 지키도록 안내해 주세요. 아이가 추가 용돈을 요구할 때마다 기준이 달라져서, 주기도 하고 안 주기도 하면 아이는 계획을 세우고 그것을 꼭 지켜야 한다는 것을 배우기 어렵습니다.

용돈을 변신 로봇처럼 자유자재로 다룰 줄 아는 아이로 성장하게 해주세요. 클레이처럼 돈을 상황과 목적에 따라서 여러 뭉치로 떼어낼 줄도 알고, 필요에 따라서 큰 덩어리로 뭉칠 줄도 아는 아이는 성인이 되어서 큰 자산도 관리할 줄 압니다. 위기에 대응하여 계획적으로 돈을 마련해 둘 줄 알고, 목적에 따라 자산을 분배할 줄도 압니다. 큰 덩어리가 된 자산을 잃지 않고 관리할 줄 압니다. 일관된 용돈 관리 능력은 아이의 경제적 자유를 위한 핵심 능력입니다.

혼자 심부름 다녀오는 아이(자립심)

아이의 삶은 아이의 것입니다. 아이의 인생은 자신의 생각과 의지대로 살아가야 합니다. 부모는 아이가 앞으로 독립적으로 살아갈 힘을 키우기 위한 환경을 만들어 주는 역할을 할 뿐입니다. 습관을 만들어 주는 것도 그러한 환경 중 하나입니다. 현명한 성인으로 자라기 위한 좋은 습관이 있다면 아이가 어릴 때부터 갖도록 안내해야 합니다.

초등 시기는 생활습관과 가치관을 형성하는 중요한 시기입니다. 초등 저학년 때는 학교생활에 적응하기 위해 부모가 일일이 챙겨 주었다면 초등 중학년에는 저학년을 거치면서 어른의 도움 없이 할 수 있는 일의 개수가 점차 늘어납니다.

자립심과 독립심을 기르는 방법으로 심부름을 추천합니다. 심부름은 자립심을 키우는 데 어떤 효과가 있을까요? 심부름을 수행하기 위해서는 먼저 상대방에게 자신의 의도를 정확히 표현해야 합니다. 자신이 원하는 바를 정확히 표현하기 위해서는 크고 분명한 목소리로 전달해야 하고요, 자신의 생각을 문장으로 잘 정리하여 말해야 합니다. 심부름할 때 예상하지 못한 일이 발생하면 스스로 순발력을 발휘하여 해결해야 합니다. 예를 들어 엄마가 마요네즈를 사 오라고 했는데 마요네즈가 안 보인다면, 직원에게 도움을 요청하거나, 엄마에게 전화해 보거나, 다른 가게를 가겠다고 스스로 결정해야 합니다.

심부름을 성공적으로 해낸 아이의 마음은 어떨까요? 부모의 도움없이 스스로 무엇인가를 해냈다는 성취감을 느낍니다. 심부름을 마치고 돌아가는 발걸음이 가벼운 이유는 심부름 후 부모의 큰 칭찬을 기대하기 때문이기도 하지만 자신감을 충만히 얻었기 때문입니다. 아이는 이 경험을 통해 혼자 잘 해낼 수 있다는 자아존중감과 열정, 책임감을 기를 수 있습니다.

단, 심부름을 시키기 전에 부모가 알아야 할 것이 있습니다. 아이가 이 심부름을 할 수 있는 능력이 되는지, 아이가 실수하더라도 괜찮은지 먼저 파악하는 것입니다. 아이 스스로 할 수 있는 범위 내에서, 주어진 일을 성취했다는 작은 성공을 자주 경험해야 자신감과 독립심이 생깁니다.

심부름의 난이도를 조정할 때는 한 번에 여러 가지 일을 시키는 것보다 한 번에 한 가지씩 해나가는 경험을 통해 높이는 것이 필요합니다. 한 번에 여러 가지 일을 하다 실수하거나 당황하는 경험을 하면 공포심이나 부정적인 감정을 경험할 수도 있기 때문입니다. 내성적이어서 말로 표현하는 것을 겁내거나 두려워하는 아이라면 불안감을 줄이기 위해 쪽지에 전달 사항을 자세히 써 가는 것도 방법입니다.

마트 전단지를 활용하여 심부름을 연습해 보는 것도 좋은 방법입니다. 교실에서 이러한 활동을 해보았습니다. 거창하게 말해서 경제적 자립심을 연습하기 위해, 환경을 고려하는 소비생활을 연습하기 위해 환경 동아리 수업에서 진행했습니다. 주제는 "만약 5만 원의 예산이 있다면 카트에 어떤 물건을 담고 싶나요?"입니다. 아이들은 실제로 5만 원이 손에 주어진 듯 몰입했습니다. 마트 전단지에 펼쳐진 다양한 물건 리스트를 꼼꼼히 보며 누구보다 진지하게 탐색했습

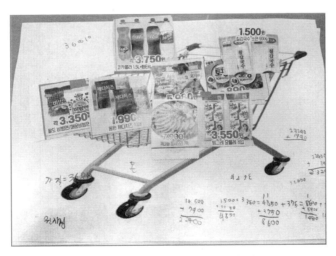

마트 전단지로 5만 원 예산의 장바구니를 채우는 활동을 했을 때의 모습.
각자의 경제적 가치 판단에 따라 물건을 고르는 기준이 달라진다.

니다. 같은 종류의 물건도 만드는 회사에 따라 서로 달랐고 좋아하는 간식도 많다 보니 선택하기 참 어려워 보였습니다.

아이들의 활동 내용을 살펴보니 각 카트마다 개성이 넘쳤습니다. 마트 전단지에 다양한 종류의 치즈가 있었는데 한 아이는 합리적인 가격을 기준으로 담았고, 또 다른 아이는 가족이 좋아하는 입맛의 취향을 고려하여 담았습니다. 삼겹살이 비싸다며 삼겹살을 대체한 훈제 오리를 고른 아이가 있었고, 건강을 생각하여 탄산음료는 아예 넣지 않았다는 아이도 있었습니다. 평소 환경에 관심이 많은 아이는 바나나와 파프리카를 꼭 비닐랩에 싸서 포장해야 하는지 진지한 고민을 던지기도 했습니다. 실제로 심부름을 가지는 않았지만, 물건을 선택하는 이유와 근거에 대해 경제적으로 생각하면서 아이들은 한 뼘 더 자랐습니다.

만약 심부름을 곧잘 해온다면 난이도를 높여 보기를 제안합니다. 이전에는 특정 제품의 이름과 예상 금액을 알려주었다면, 다음에는 물건의 종류만 정해 주고 아이 스스로 제품을 고르도록 하는 것입니다. 이 과정에서 물건을 구매하기 위해 가격, 용량, 성능 등을 종합적으로 고려해야 하는 판단력을 기를 수 있습니다. 심부름을 하고 온 아이에게 왜 그 물건을 샀는지 아이 나름의 근거를 들어보는 것도 의미 있는 경제 대화라고 할 수 있습니다.

모래알만한
칭찬이라도(자신감)

칭찬의 힘은 엄청납니다. 저도 칭찬의 힘을 알기에 학교에서도 아이들에게 하는 칭찬만큼은 진심인 편입니다. 칭찬에도 기술이 필요합니다. 많은 부모가 아이에게 칭찬하면서도 고개를 갸우뚱합니다.

아이가 자만할까 봐 칭찬에 인색하게 돼요.
칭찬을 말로만 하는 편이에요. 주로 잘했어, 멋지다 이 정도로 해줘요.

평소 나도 그런 고민을 한다고 공감한다면, 이제는 이렇게 해보는 것은 어떨까요?

• 과정을 칭찬하기

칭찬할 때는 구체적인 상황을 이야기해야 효과적입니다. "잘했어." "멋지다." 이것이 칭찬 표현의 전부라면 아이에게 그다지 감흥이 없을 수 있습니다. 누구에게나 하는 소리겠거니 하고 마음에 깊이 담아두지 않죠. 아이의 구체적인 행동과 노력하는 모습에 초점을 두고 칭찬해야 효과적입니다.

이번 주에 떡볶이를 두 번이나 참고 용돈을 모으다니 참 잘했어.

스스로 용돈 계획을 세우다니 다 컸구나.

친구 생일 선물을 사기 위해 용돈을 아끼고 있는 거 알고 있어. 친구가 이 사실을 알게 되면 얼마나 감동일까?

기부하려고 네 물건들을 정리하는 중이구나. 적은 돈이라도 기부하려는 네 마음이 예쁘다.

건강한 체력을 위해 매일 조금씩이라도 운동하는 네가 대견해.

네 뜻대로 잘되지 않아도 다시 해보려는 네 모습을 알고 있어. 널 믿어.

네가 평소에 열심히 해 왔다는 걸 잘 알고 있어. 그 자체가 충분해.

어려운 곡인데 포기하지 않고 연습했네. 너의 꿈에 한 걸음 더 다가갔구나.

네가 도움도 요청해 보고, 다른 가게도 가 보는 등 여러 시도를 했어. 그러면 그 물건을 못 샀어도 심부름 미션을 잘 해낸 거야. 그걸로도 충분해!

과정을 구체적으로 칭찬해 주려면 평소에 아이의 말과 행동을 세심히 관찰해야 합니다. 호들갑 떨지 않아도 진심으로 칭찬하는 말은 아이의 마음속에 큰 울림이 남습니다. 이러한 칭찬을 받은 아이는 다음에 더 잘해보겠다고 굳게 다짐합니다.

• 다채로운 말로 칭찬하기

역시 넌 참 성실해.

어쩜 그런 생각을 했니? 창의적이다! 놀라워.

캬~!(엄지척)

우리 멋진 심부름 대장!!!

가끔은 긴 문장보다 짧지만 강력한 문장이 효과적일 때가 있습니다. 짧은 감탄사나 표정만으로도 진심을 전할 수 있습니다. 유머 감각이 더해지면 금상첨화입니다.

• 행동으로 칭찬하기

입으로만 칭찬하지는 않나요? 진심으로 칭찬했는데 아이가 무덤덤하다면, 행동으로 칭찬해 주세요. 평소 스킨십을 자주 하지 않은

170

편이라면, 스킨십이 강력한 칭찬으로 다가갈 수 있습니다.

뼈가 으스러질 정도로 꼭 껴안아 주기, '참 잘했어'라고 귓속말로 속삭여 주기, 양손 엄지손가락을 들고 흔들어 주기, 작은 목소리로 '아까 안아 줬는데도 한 번 더 안아 주고 싶어'라고 말하고 안아 주기, 볼에 뽀뽀해 주기, 서로 볼 마주 대고 문지르기 등 비언어적인 칭찬으로 칭찬해 주세요. 행동이 요란해도 좋습니다. 아이가 부끄러워 아무렇지도 않은 척하지만 사실 마음속으로는 부모의 충만한 사랑을 만끽하고 있답니다.

사춘기에 접어드는 자녀라고 해도 스킨십은 놓치지 마세요. 하이 파이브, 등 토닥여주기, 머리 쓰다듬기와 같은 덜 간지러운 스킨십 방법을 충분히 활용해 보세요.

칭찬은 아이의 성장을 북돋기 위한 격려입니다. 인생이라는 면 여정을 가는 동안 지치지 않게 돕는 응원의 말입니다. 아이가 자신의 인생을 묵묵히 가는 동안 관심으로 지켜봐 주세요. 하지만 부모가 아무 표현도 하지 않으면 아이는 모릅니다. 이심전심이라고 하지만, 말하고 표현해야 압니다. 자신이 얼마나 사랑받고 응원받는지를요. 오늘도 자신감을 한 모금 먹고 갈 수 있도록 칭찬해 주세요. 부모의 칭찬을 받은 아이는 생각합니다. '나는 잘하고 있다!'라고요.

이 가게에는 왜 손님이 많을까?(호기심)

우리는 대부분 누군가로부터 돈을 받고, 받은 돈을 쓰는 것에 익숙합니다. 학생 때는 부모에게 용돈을 받고, 아르바이트해서 사장님께 돈을 받고, 회사로부터 월급을 받습니다. 그렇게 받은 돈으로 무엇을 사고 얼마를 저축할지에 대해 항상 '소비자'의 관점으로만 바라보지 않았나요?

유명한 맛집에 길게 늘어선 줄을 보고 이런 생각을 해 본 적이 있나요? '이 가게에는 왜 이렇게 손님이 많을까?'

음식이 맛있음

사진 찍고 공유하기에 좋은 분위기

서비스가 친절함

홍보가 잘 됨

가게가 위생적임

합리적인 가격

　우리는 여러 가지를 고려하여 평점을 매깁니다. 평가의 기준은? 소비자입니다. 우리는 대부분의 생활을 소비자의 시선으로 바라보고 살아갑니다. 인생의 대부분을 소비하는 데 사용합니다. 여기에서 관점의 전환을 제안합니다. 세상을 생산자의 관점으로 보면 어떨까요? 생산자는 상품을 생산하여 이익을 남깁니다. 이때 상품에는 물건, 음식, 작품과 서비스가 포함될 수 있습니다. 우리는 수많은 상품을 사용하고 서비스를 누립니다.

　그동안 소비자 마인드에서 상품과 서비스를 사용했다면, 창업자 마인드로 세상을 보는 연습을 할 필요가 있습니다. 왜냐고요? 훗날 아이가 상품과 서비스를 개발하고 생산하는 사업을 하는 창업가, 기업인이 될 수도 있으니까요. 생산자의 관점에서 세상을 바라보기 시작하면 기회가 보이고, 아이디어가 떠오르며 방법이 드러납니다. 소비자에서 생산자로 세상을 바라보는 시선의 전환이 필요합니다. 미래의 예비 창업가에게 세상은 온통 배울거리이자 호기심 천국입니다.

　가령 아이와 프랜차이즈 레스토랑을 방문했을 때, 소비자 관점이 아니라 생산자 관점에서 살펴보세요. 사람들의 시선을 주목하기 위해 간판은 어떻게 꾸몄는지, 메뉴판은 어떻게 구성했는지, 신제품을 홍보하기 위한 입간판은 어디에 어떻게 세워 놨는지, 음식의 서빙과 플레이팅은 어떤지 관찰하세요. 그리고 내가 마치 이 프랜차이즈의 대표가 된 것처럼 어떤 부분을 바꾸면 좋을지도 아이와 의견을 나눠 보세요.

서비스를 제공하는 직원이 서빙할 때 어떤 말을 하는지 귀 기울여 들어보세요. 가게에서 나오는 음악은 어떤 종류이며, 이 음악이 손님에게 주는 영향은 어떨지 생각해 봅니다. 이 레스토랑의 광고를 본 적이 있는지, SNS에서 어떻게 홍보하는지, 광고 카피에서 어떤 점을 강조하는지도 확인해 봅니다.

생산자는 가치를 만들어서 돈을 법니다. 가치는 상품이나 서비스에 담깁니다. 성공 스토리가 담긴 책은 책을 통해 성공을 경험하고 싶은 소비자가 구매하고, 유튜브나 넷플릭스 같은 콘텐츠 플랫폼은 재미있는 영상을 언제 어느 때나 관람하고 싶은 소비자가 구독합니다.

이번 기회를 계기로 평소에는 생각해 보지 않았던 부분을 살피며 사고를 확장해 갑니다. 사회를 좀 더 이해하고 또 다른 꿈을 꿈꿔볼 수도 있습니다. 콘텐츠가 힘이 되고 능력이 되는 세상에서 아이가 자신의 재능을 발현하고 꿈을 키워갈 수 있도록 도와주세요. 아이가 세상을 호기심 가득한 눈으로 바라보도록 안내해 주세요.

세상에 대한 호기심은 이제 나에 대한 호기심으로 발전할 수 있습니다.

나는 어떤 것을 통해 나만의 가치를 만들 수 있을까?

내가 잘하는 것은 무엇이고 어떻게 보여줄 수 있을까?

내가 당장 할 수 있는 것은 무엇일까?

나의 강점을 살린 제품을 판매한다고 했을 때 어떤 부분이 부족하고 어떤 부분이 어필될까?

아이가 생산자의 관점으로 자신을 바라보고, 자신의 가치를 발견하고, 도전하도록 응원해 주세요.

아이의 세뱃돈은 아이에게(책임감)

//

월급을 받는 직장인은 상여금, 성과급을 받기도 합니다. 꽤 큰돈이라 직장인들은 상여금, 성과급을 받는 날을 손꼽아 기다립니다. 어른들도 이 정도인데 아이들은 세뱃돈을 받는 설날이나 추석을 얼마나 기다릴까요? 여기서 두 가지 질문을 해보겠습니다.

첫 번째, 아이의 세뱃돈, 부모님께서는 평소에 어떻게 관리하나요? 아래의 보기를 보면서 평소에 자주 하는 말과 비슷한 유형을 골라 보세요.

① 호준아, 이번에 생활비가 많이 나왔는데 세뱃돈 받은 거 엄마가 써도 돼? 나중에 호준이가 달라고 할 때 줄게.

② 호준아, 세뱃돈 받은 거 엄마가 호준이 통장에 저축할게.

③ 호준아, 이번에 세뱃돈으로 10만 원을 받았어. 그걸로 뭐 하고 싶어?

④ 호준아, 이번에 세뱃돈 얼마나 받았는지 네가 한번 살펴봐. 그
　것으로 뭘 하면 좋을까?

　아이가 받은 세뱃돈의 주인은 아이입니다. 말 그대로 '아이의' 세
뱃돈입니다. 세뱃돈의 주체가 아이인 만큼 주인의식을 갖고 관리하
는 능력을 어릴 때부터 키우는 것이 필요합니다. 보기 중 평소 어떤
유형으로 대화하고 있는지 살펴보세요. 눈치챘겠지만 보기 중 ④번
이 가장 자기 주도적으로 용돈을 관리하는 능력을 기를 수 있는 대
화법입니다.

　④번의 대화를 살펴볼까요? 아이 스스로 받은 세뱃돈이 어느 정
도인지 살펴봅니다. 정기적으로 용돈을 받는다면 평소보다 얼마나
많은 돈을 받았는지 금액이 한눈에 비교가 됩니다. 용돈 훈련을 잘
해왔다면 돈의 가치가 얼마만큼 되는지 알기 때문에 소중하게 다룹
니다. 그 큰 목돈으로 무엇을 할지 스스로 결정하게 해 주세요. 평소
에 너무나 원했던 장난감이나 게임팩을 살 수도 있고, 큰마음 먹고
최신식 자전거를 살 수도 있습니다.

　한발 더 나아가 경제 습관을 잘 갖춘 아이는 평소보다 더 큰 규모
로 들어온 수입을 당장 소비하는 데서 그치지 않을 수 있습니다. 더
큰 목표를 위해 당장의 소비를 참고 더 큰 그림을 그릴 수 있습니다.
예를 들어 블록 장난감을 하나씩 사서 책상에 진열하던 아이가 이제
는 그 블록 회사의 주식을 한두 개 모아 주식 배당을 받는 수준까지

갈 수 있습니다.

④번 유형의 대화는 어떻게 진행될까요?

엄마: 호준아, 이번에 세뱃돈 얼마나 받았는지 한번 살펴보자.

호준: 엄마, 이번에 꽤 많이 받았어. (돈을 세어 보며) 1만 원, 2만
원… 우와! 10만 원이나 된다. 너무 신나!

엄마: 세뱃돈으로 무엇을 하고 싶어?

호준: 이번에 나온 블록 장난감 사고 싶어. 몇 달 전에 광고에서
처음 본 순간부터 갖고 싶었어.

엄마: 그것까지 사면 네 책상 진열대에 놓을 자리가 없을 것 같은
데…. 그러면 기존의 블록을 팔거나 세뱃돈으로 더 큰돈을 만
들어 보는 건 어때?

호준: 돈을 갖고 있는데 어떻게 더 큰돈이 돼?

엄마: 네가 좋아하는 블록을 만드는 회사의 주식을 사는 거야. 네
가 블록을 좋아하듯 많은 어린이가 블록을 좋아해. 그 회사는
장난감을 팔아 많은 돈을 벌지. 그 장난감 회사의 주식을 사면
회사는 네 돈으로 장난감을 생산하고 판매하는 데 쓰지. 네 세
뱃돈은 투자금이 되는 거야. 회사는 그것에 대한 보답으로 배
당이라는 돈을 줘. 블록 하나가 아니라 블록 회사의 주인이 되
는 방법이야. 어떻게 해볼래?

[호준의 선택 ①] 그럼 내 세뱃돈을 가지고 회사가 일해서 돈을
　　　더 벌어다 주는 거네. 그럼 이번에는 블록 주인 말고 장난감
　　　회사의 주인이 되어 보겠어!
[호준의 선택 ②] 아니야, 나는 이번에 블록 신상을 엄청나게
　　　기다렸어. 이번에는 꼭 사고 싶어.

　엄마의 제안에 아이는 ①번 또는 ②번의 반응을 보일 것입니다. 보기에 없는 답을 할 수도 있습니다. 어떤 결과든 그 행동만 보고 속단하지 마세요. 엄마가 세뱃돈을 사용하는 방법에 대해 새로운 제안을 했고, 새로운 제안을 듣고 잠시 고민해 본 것만으로도 경제적 사고를 했습니다.

　하나 더 살펴볼 부분이 있습니다. 아이가 세뱃돈을 받으면 어떻게 행동하나요?

① 어디에 뒀는지 모르고 놀다가 잃어버린다.
② "엄마가 갖고 있어"라며 엄마에게 맡긴다.
③ 자기만의 은밀한 곳(?)에 소중히 모아둔다.

　자기만의 미덕과 인성교육을 진행하는 버츄프로젝트의 창시자 린다 캐벌린 포포프는 그녀가 보급한 300여 개의 미덕 중 '책임감'은 맡은 일을 훌륭하게 해냄으로써 다른 사람들이 신뢰할 수 있게 하는

것이라고 설명합니다. 책임감의 미덕은 어떤 유형의 아이에게 있을 까요? 세뱃돈을 주는 어른은 아이에게 필요한 곳에 이 돈이 잘 쓰이 길 바라며 건네줍니다. 하루 만에 다 써버리든지, 차곡차곡 모으든 지 간에 선택은 아이의 몫입니다. 돈이 아이에게 건네지는 순간 돈 의 주인은 아이가 됩니다.

돈의 주인은 돈을 잘 쓰기도 하고 잘 지킬 줄도 알아야 합니다. 아 이가 세뱃돈이라는 큰돈을 받고 이를 어떻게 운용하는가의 과정은 결국 재정 관리의 훈련이 됩니다. 어느 해에는 세뱃돈을 바로 다 써 버리던 아이가 어느 해에는 다 저축할 수 있고, 어느 해에는 일부는 쓰고 일부는 모으겠다 할 수 있죠. 그런 아이의 판단을 신뢰해 주면 됩니다. 다만, 좀 더 성장할 수 있도록 부모가 슬쩍 말 한마디를 건네 여러 방향이 있음을 안내하는 요령은 필요할 것입니다.

엄마도 건강한 부자가
되고 싶어(공감)

교실에서 그 많은 아이를 효과적으로 가르치려면 어떻게 해야 할까요? 아이들과 대화가 통하는 교사가 되어야 합니다. 교사의 말이 학생의 귀에 담기려면 학생의 말을 교사가 잘 들어야 합니다. 그러려면 신뢰와 공감대부터 형성해야 합니다. 부모도 마찬가지입니다. 부모는 대화할 때 아이의 마음 읽기부터 해야 합니다. 가장 먼저 아이의 마음에 공감해 보세요. 마음이 통하면 아이의 행동은 변합니다. 아이의 감정을 읽고 이해하고 인정해 주세요. 정말 어렵겠지만, 부모가 하고 싶은 말은 아껴두고 아이의 말을 경청해 주세요. 아이의 말에 하나씩 반응하며 '충분히 이해한다'는 마음으로 대화를 나누면 많은 것이 변합니다.

아이가 집에 이미 여러 개 있는 장난감을 또 샀습니다. 자, 이런 상황에서 아이에게 뭐라고 하기 쉽나요?

부모: 내가 못 살아. 필요 없는 장난감을 또 샀어? 그만 좀 사!

아이: 엄마, 이건 색깔이 달라. 다른 모델이야.

부모: 다음부터 그런 거 사기만 해봐, 다음 달 용돈 없어!

부모는 아이의 행동에 숨은 마음에 공감해 주지 않았습니다. 아이는 분명 나름의 이유가 있었는데 말이지요. 자신의 욕구를 이해받지 못한 아이는 다음에는 부모 몰래 살 가능성이 큽니다. 만약 부모가 이렇게 말한다면 어떨까요?

부모: 왜 그것을 사고 싶었어? (아이의 답을 듣고) 그래서 그것을 샀
구나.

아이: 네, 맞아요. 근데 사고 보니 괜히 산 것 같아요.

부모: 엄마아빠는 네가 계획하고 용돈을 썼으면 좋겠어.

아이: 네, 알겠어요.

아이의 마음을 이해해 주고 나니 아이 스스로도 인정합니다. 사지 않아도 될 것을 괜히 샀다는 것을 압니다. 부모와 대화하면서 엄마가 자기 마음을 이해한다는 생각에 표정이 밝아집니다. 그리고 다음에는 더 나은 선택을 하겠다고 다짐하게 됩니다. 스스로 이런 일이 생기지 않도록 대처하는 방법을 배우게 된 것입니다.

아이가 용돈이 부족하다고 툴툴대면 부모는 흔히 이렇게 혼내죠.

"용돈 모자란다고 만날 불평할래?"

아이는 사실 '만날' 불평하지는 않았어요. 다음 주에 친구와 약속이 있어, 이왕이면 친구와 맛있는 것을 사 먹고 즐겁게 보내고 싶은 마음에 들떴을 뿐이죠. 아이는 대답합니다.

"엄마는 만날 돈 없다고만 해. 우리 집은 왜 이리 가난해!"

자신의 마음을 공감받지 못한 아이는 감정이 격해졌고, 하지 않아도 될 말을 내뱉기도 합니다. 대화가 감정적으로 흘러가지 않도록 이렇게 말해보는 것은 어떨까요?

> 부모: 용돈이 꼭 필요한 일이 있는데 부족했구나. 용돈이 아주 많으면 좋겠지? 엄마아빠도 솔직히 넉넉하고 여유로운 부자가 되고 싶어. 그런데 돈을 펑펑 쓰는 부자가 아니라 돈을 어디에 써야 하는지 잘 알고 쓰는, 생각이 건강한 부자가 되고 싶어. 돈은 하고 싶은 욕망에 비해 부족할 때가 많은 법이야. 그래서 여러 번 생각하고 돈을 써야 해.
>
> 아이: 알아요. 하지만 다음 주에 친구와 만나기로 했단 말이에요.
>
> 부모: 그렇구나. 아빠에게 그 사실을 먼저 알려줬다면 이번 달에는 용돈 예산을 늘릴지 같이 고민했을 텐데. 엄마아빠도 너와 상의하면서 결정하려 한단다.

이렇듯 아이와 마음의 다리가 연결된 부모는 아이와 대화하기가 쉽습니다. 아이와 관련된 어떤 결정도 부모 혼자 결정하지 않고 아이와 생각과 감정을 교환하며 가장 좋은 선택을 하려 합니다.

아이는 부모와 감정을 주고받으며 자기 확신과 신뢰를 키웁니다.

'지금 이것을 사 먹을까? 참았다가 집에 있는 간식을 먹을까?'

'이번 달까지만 용돈을 더 모을까? 아니면 새로 나온 게임팩 살 만큼 모았는데 살까?'

아이들은 매사에 크고 작은 결정을 내립니다. 자신에게 믿음이 있는 아이는 현명하게 결정할 힘도 키웁니다. 어른이 된 우리는 모두 알고 있습니다. 잘해서 배우는 것보다 실수해서 배우는 것이 많다는 것을요. 실수나 실패를 두려워하는 아이는 도전 자체를 하지 않으려 합니다. 실수나 실패가 부끄러운 것이 아니라는 것을 반복해서 알려 주세요. 실수하거나 실패하더라도 매끄럽게 해결하도록 그 과정을 끊임없이 연습시켜 주세요.

우리도 이 물건을 중고 시장에 팔아 볼까?(용기)

우리는 늘 뭔가를 삽니다. 어른과 마찬가지로 아이도 원하는 물건이 마음에 들면 사기도 합니다. 때로는 사은품이나 생일 선물처럼 누군가에게 물건을 받기도 합니다. 그렇게 아이가 원하든, 원하지 않든 물건이 자꾸자꾸 늘어납니다. 꼭 필요할 줄 알았는데 의외로 안 쓰게 된 물건이나, 입다가 작아진 옷, 선물 받았는데 이미 있어서 두 개인 물건 등을 필요한 사람에게 판매하는 것은 어떨까요?

아이와 함께 중고 물건을 거래하는 알뜰시장, 벼룩시장, 바자회에 참여해 볼 수 있습니다. 직접 물건을 판매하는 좋은 경험이 되죠. 시간과 장소의 제약이 있다면 중고 거래 플랫폼을 활용하는 방법이 있습니다.

대표적인 중고 거래 플랫폼은 중고나라, 당근마켓, 번개장터가 있습니다. 예전과 달리 요즘은 타인이 사용하던 물건에 대한 선입견이 많이 바뀌었죠. 중고 거래는 합리적인 소비와 취향을 거래하는 수단으로 인식이 전환되었습니다. 많은 사람이 중고 거래를 긍정적으로 평가합니다. 중고 거래 플랫폼은 구매자 입장에서 보면 새 제품 대비 30~70%까지 저렴한 수준에서 원하는 제품을 구매할 수 있을 뿐 아니라, 스마트폰으로 사진을 찍어 바로 글을 올릴 수 있어 판매하기에도 편리합니다. 자신에게 필요하지 않은 물건을 쉽게 처분할 수 있어 매력적이죠.

아이 스스로 필요 없는 물건을 정리하고 중고 거래 플랫폼을 활용하여 판매하는 경험을 주는 것은 어떨까요? 중고 판매의 기본 거래 방법은 다음과 같습니다.

① 판매하려는 물건의 사진을 찍어 상태와 함께 가격을 책정해서 올린다.
② 물건을 구매하려는 구매자가 나타나면 가격을 협상한다.
③ 가격을 협상하고 나면 물건을 만나서 직접 건네는 직거래를 하거나, 택배로 보내주는 택배거래를 한다.
④ 택배거래라면 배송비를 누가 부담할지 정한다.
⑤ 직거래라면 만나는 날짜나 시간을 정한다.
⑥ 택배거래라면 물건을 부친 뒤 부쳤다는 연락을 통보한다.

이렇게 물건을 하나둘 팔다 보면 생각보다 많은 돈이 생깁니다. 그리고 자리만 차지하던 곳에 공간이 생깁니다. 그동안 물건을 정리하는 것도, 버리는 것도 부모가 주도했다면 이제 아이와 함께해 보는 것은 어떨까요?

• 이 물건이 앞으로도 필요할 물건일까?

아이 입장에서는 아직 필요하다고 생각할 수 있습니다. 크기, 연령, 상황을 고려하여 스스로 선택하도록 합니다. 아직 물건을 떠나보낼 준비가 안 되어 있다면 억지로 팔게 하지 않습니다.

• 만약 판매한다면 얼마에 팔고 싶어?

적정 가격을 스스로 정하도록 합니다. 물건의 상태가 깨끗한지, 망가진 부분은 없는지, 빠진 부속품이 없는지를 고려하여 최상, 상, 중 등의 등급을 매기듯 가격도 등급에 따라 조정할 필요가 있습니다. 중고 거래 플랫폼에서 비슷한 물건을 검색하여 현재 시세가 어느 정도인지 참고하여도 좋습니다.

• 구매하고 싶은 사람이 가격을 할인해 달라고 하면 조정해 줄 수 있어?

가격을 협상할 여지가 있는지도 물어볼 필요가 있습니다. 이러한 결정으로 이익이 다소 줄더라도 거래에는 유연함이 필요하다는 것을 배울 수 있습니다. 그것이 협상입니다. 세상을 살아갈 때 의견을 조정해 나가는 과정이 필요하고, 그 과정에서 재미를 느낄 수도 있게 됩니다.

• 사진을 어떻게 찍어야 사는 사람에게 유용한 정보를 제공할 수 있을까?

상품에 대한 정보는 많으면 많을수록 좋습니다. 상품의 전체 사진, 상품 모델명이 보이는 사진, 세부 사진 등 물건을 사고 싶은 사람의 입장에서 사진을 다양하게 찍어서 구매에 도움을 주는 것도 필요합니다.

어떻게 하면 구매자들이 사고 싶은 물건으로 보일지 의견을 나눠 보세요. 물건에 대한 소개가 자세하면 좋습니다. 나의 추억이 담긴 스토리를 글로 풀어 보는 것도 하나의 홍보 전략이 됩니다.

• 안전하게 중고 물품을 판매하려면 어떻게 해야 할까?

경찰청 자료에 따르면 2020년 중고 거래 사기로 신고된 피해 건수는 12만 3,168건으로 역대 최다 규모라고 합니다. 아무리 좋은 경험이 된다고 할지라도 안전의 테두리 안에서 하는 것이 가장 중요합니다. 약속 장소에 부모가 동행하거나, CCTV가 있는 장소, 저녁보다는 밝은 오후, 으슥한 장소보다는 사람이 많이 오가는 곳이 좋습니다. 미리 돈을 받지 않고 만나서 물건을 서로 확인한 후 돈을 받는 것이 가장 좋습니다.

• 어떻게 판매해야 기분 좋은 거래가 될까?

약속 시간과 장소를 잘 지킵니다. 정해진 시간과 장소에서 누군가
를 기다렸는데 오지 않거나 많이 기다리게 하는 경우, 기분이 상할
것입니다. 상대방에 대한 기본 매너이자 배려인 약속을 잘 지켜야 함
을 알려 주세요. 이런 경험을 통해 신용의 중요함을 배우게 되지요.

오늘 나에게는 어떤 경제적 이득이 생겼을까?(감사 습관)

한 손만으로도 세어 볼 수 있는 다섯 글자 예쁜 말이 무엇인지 아시나요? "다섯 가지 예쁜 말"(작사가 정수은)이라는 동요 속에 답이 있습니다.

사랑합니다 고맙습니다 감사합니다 안녕하세요

아름다워요 노력할게요 (마음속 약속) 꼭 지켜볼래요

사소한 일에도 매일 감사를 표현하는 습관을 함께 만들어 볼까요? 며칠 전 동네 만둣가게에 아이와 만두를 사러 갔습니다. 가게 사장님께서 아이의 눈을 보고 예쁘다고 칭찬해 주셨습니다. 아이가 곧바로 밝은 목소리로 "감사합니다"라고 대답하니 참 예의 바르다며 만두 하나를 덤으로 주셨습니다.

감사하는 습관은 그 태도를 보는 사람으로 하여금 긍정적인 행동을 불러일으키는 강력한 힘을 가집니다. 심지어 생각지도 못한 행운이 찾아오기도 합니다. 아이를 둘러싸고 있는 세상이 거저 이루어진 것이 있나요? 누군가의 노력, 희생, 땀방울로 되어 있다는 것을 아이가 알아가며 성장하도록 평소에 늘 '감사합니다'라고 고마움을 표현하는 습관을 길러주세요.

가진 것이 없다고 불평하고 나에게 주어진 조건이 하찮다고 생각하는 사람에게는 이상하게도 좋은 일이 덜 생기지만, 주어진 것에 감사할 줄 아는 사람에게는 신기하게도 좋은 일이 연거푸 생깁니다. 저는 이렇게 감사하는 습관이 끌어당기는 경제적 이득을 '땡큐덤'이라고 지어 보았습니다. '덤'은 원래의 값어치 외에 더 얹어 주는 것을 의미하므로, '땡큐덤(thank you+덤)'은 나에게 주어진 것에 감사하고, 그러한 감사를 표현했을 때 저절로 따라오는 경제적 이득을 말합니다.

아이들과 도덕 시간에 감사하는 태도에 대해 배우면서 땡큐덤의 의미를 알려주고, 땡큐덤의 경험을 공유해 보았습니다.

> 승재: 배움 공책을 마지막 장까지 다 쓰고 나니 선생님께서 작은 간식을 주셨다. 한 권을 다 쓴 것도 뿌듯한데 간식까지 덤으로 받았다.
> 아린: 학교에서 환경 동아리 시간에 방울토마토 모종을 키우게

되었다. 방울토마토가 쑥쑥 커서 다 익은 열매를 따 먹으니 꿀맛이었다. 모종을 키우다 보니 반려식물이 되어 내 마음에 기쁨을 주었다. 마트에서 사 먹지 않아도 내가 키운 모종으로 먹고 싶은 채소를 먹을 수 있어서 뿌듯했다.

민우: 형이랑 자전거를 탔다. 운동도 되고 건강도 챙기니 일석이조다. 3학년까지만 해도 감기에 자주 걸려 병원 신세를 많이 졌다. 자전거를 타고 나서 건강해졌고 병원에 자주 안 가서 병원비도 아끼니 덤이다.

세아: 자주 가는 분식집 사장님께 인사를 크게 했다. 인사를 참 잘한다고 어묵꼬치 1개를 무료로 주셨다. 뜨끈한 어묵 국물만 먹어도 좋은데 어묵까지 주시다니. 완전 기분이 좋았다.

경제 뉴스, 경제 신문이 주는 대화의 기적(소통 습관)

매년 3월과 9월은 학부모 상담주간입니다. 저는 학부모 상담을 경기 중 작전타임이라고 생각합니다. 이 시간이야말로 아이의 생활습관, 학습태도, 교우관계를 주제로 교사와 학부모가 한마음이 되어 아이의 성장을 돕기 위한 의견을 교환하고 도움을 주고받는 기회이기 때문입니다.

4학년 학부모들은 고학년을 앞둔 내 아이가 학습 면에서 뒤처지지 않는지, 수업시간에 집중하는지, 바른 자세로 공부하는지, 부족한 과목은 없는지, 친구들과 트러블은 없는지를 주로 염려합니다. 하지만 저는 그보다 더 중요한 것이 '부모와 아이가 충분히 소통하고 있는가'라고 생각합니다.

소통의 주제는 다양합니다. 매일의 마음 상태, 일상의 공유, 미래의 비전 등…. 그런데 '돈'이라는 주제로도 소통하고 있나요? 저는 부모와 아이가 돈에 대해, 경제에 대해 소통하고 있는지 묻고 싶습니다. 평소 돈에 대해 이야기하는 것이 거북하다, 불편하다는 분도 있습니다. 우리는 살면서 돈에 대한 공부가 필요하다는 것을 압니다. 하지만 그동안 돈에 대해 부정적으로 인식하기도 했죠. 이유는 무엇일까요? 돈 때문에 어른들이 싸우는 것을 보았고, 돈 때문에 힘들어하는 이들을 본 적도 있습니다. TV나 매체를 통해 비윤리적으로 돈을 벌거나, 수단과 방법을 가리지 않고 탐욕스럽게 돈 버는 것을 최우선으로 삼던 사람도 봐 왔습니다. 그러면서 무의식에서 돈은 나쁘다는 부정적인 의식이 자리잡혔고, 아이와 돈에 대해 이야기하기가 불편합니다.

'돈에 관해 이야기하는 것은 품위가 없는 거야.'

'내 주제에 무슨 돈을 잘 모으라는 말을 하겠어.'

'이 정도만 해도 감지덕지라 생각해야지. 잘사는 건 어렵고 불가능한 것이야.'

이렇게 속단하여 생각을 제한합니다. 이러한 태도는 알게 모르게 자녀에게도 스며듭니다. 그래서 부모의 생각대로 자녀도 생각을 대물림하게 됩니다.

어느 기관에서 부자들에게 '돈'의 의미와 느낌을 물었더니 이렇게 답했다고 합니다.

감사하는 마음, 경이로운 느낌, 생활 스타일의 표현, 자유, 우아

함, 재미, 사람 다음으로 내 인생에서 중요한 것, 인생을 원하는 대로 만들어갈 수 있는 특권, 기회, 변화와 긴장, 안정감, 흥미로운 사람들을 만날 수 있음, 다양한 방식으로 베풀 수 있음, 생산성, 즐거움, 진정한 차이를 만듦, 정해진 일에 매달릴 필요가 없음, 다른 사람에게 꼭 필요한 인물이 될 수 있음 등등.

이 답변들을 통해 간단한 결론을 도출할 수 있습니다. 성공한 부자는 돈을 긍정적으로 본다는 것입니다. 세상을 살아가는 데 있어 경제가 중요하다는 것을 누구나 인정합니다. 누구도 경제의 영향에서 자유로울 수 없죠. 경제에 대해 알아야 내가 가진 것을 어떻게 지키고, 키울 수 있는지 터득하게 됩니다. 만약 자신은 그동안 돈에 대해 부정적인 신념으로 살았다면 내 아이만은 그렇지 않아야 합니다. 그래서 경제 소통은 꼭 필요합니다. 나와 내 자녀의 경제 소통 습관을 만드는 방법은 무엇일까요?

첫째, 경제 신문이나 경제 뉴스를 함께 보는 것을 제안합니다.

어린이를 위한 경제 신문이 있다는 것을 아나요? 〈어린이 경제신문〉(www.econoi.com)입니다. 그 외에 〈알바트로스 미래인재신문〉, 〈어린이 동아〉, 〈어린이 조선일보〉 등 어린이를 위한 신문에서도 경제 기사 부분을 참고할 수 있어요.

종이신문을 1년 구독하는 방법이 있고, 웹사이트에서 포스트를 발행하는 경우 포스트를 구독하는 방법도 있습니다. 참고로 〈어린이 경제신문〉은 어린이의 호기심을 유발할 만한 기사 내용으로 구성이 되어 있고, 저학년과 고학년 수준에 맞춰 생각을 정리할 수 있도록 가이드도 있습니다.

뉴스의 여러 분야 중 아이가 관심 갖는 주제부터 먼저 읽어 보고 그 기사에 대한 아이의 생각을 물어 표현하도록 도와주세요. 처음에는 표현이 미숙할 수 있고 내용을 잘못 이해할 수도 있지만, 경제 뉴스를 통해 세상을 보는 것이 재미있음을 아이가 느끼게 하는 것이 중요합니다. 함께 나눌 이야깃거리를 차근차근 늘려가기를 추천합니다.

둘째, 일상에서 소통거리를 발견하세요.

영화관에 가 보면 영화관 한쪽에 게임 기계나 자판기가 있습니다. 영화관에 왜 게임기가 있을까요? 영화관 안에 비치된 자판기에는 어떤 물건이 있을까요? 게임 기계의 종류를 살펴보고 사람들이 어떤 게임을 선호하는지 관찰하면서, 어떤 기계가 수익이 가장 좋을 것 같은지도 나눠 봅니다. 어르신이나 나이 많은 영화 관람객을 위해 코인 안마 의자를 두면 어떨지 제안해 봅니다. 동전이나 현금 사용이 줄어든 요즘 시대를 생각하며 카드나 간편 결제 서비스가 낫다는 수정 의견을 낼 수도 있죠.

만약 식당이나 병원에 가기 위해 엘리베이터 앞에서 대기한다면,

층별 안내도를 살펴보세요. 1층부터 4층까지 층마다 분포한 상점들의 특징을 살펴봅니다. 왜 약국이나 화장품 가게는 주로 1층에 있는지 이야기 나눠 봅니다. 1층 상점의 장점에 대해 이야기 나눌 수도 있습니다.

경제에 대해 소통하는 습관은 고기를 잡아 주는 것이 아니라 고기 낚는 법을 알려주는 것입니다. 경제 소통 습관을 가진 아이는 어떻게 돈을 벌고, 지키고, 키울 수 있는지 알아갑니다. 이는 곧 세상을 살아가는 데 필요한 눈과 지혜를 키우는 길이기도 합니다.

매일 500원을 저축하면 어떤 일이 일어날까?(끈기)

큰돈을 만들기 위해 많이 버는 것보다 중요한 것이 있습니다. 바로 절약입니다. 자수성가한 수많은 부자는 입을 모아 말합니다. 부자가 되기 위해서는 더 빨리, 더 젊을 때 시작해야 한다고요. 시간은 값진 보석입니다. 시간에 정성을 더해 보는 것은 어떨까요?

매일 500원씩 11세부터 저축한다고 가정해 봅니다. 우리 아이가 11세가 되는 새해 첫날부터 시작하여 매일 500원씩 모으면 1년이면 365일 × 500원 = 182,500원입니다. 11세부터 스스로 자립하는 때를 알리는 20세가 되면 182,500원 × 10년 = 1,825,000원입니다. 복리 이자까지 붙으면 더 큰돈이 되겠지요.

하지만 우리는 모두 알고 있습니다. 이렇게 쉬운 원리임에도 10년의 세월이 지나는 동안 그 돈을 모으기가 쉽지 않다는 것을요. 끈기있게 무엇인가를 해내기란 쉽지 않습니다. 그것이 아주 하찮고 사소한 행동이라도 10년 동안 매일 하루도 빠짐없이 반복하는 데는 대단한 인내가 필요합니다.

아이의 경제적 자유를 위해 아이와 함께 만들어 갈 끈기 습관에는 또 어떤 것이 있을까요?

• 마트에서 사는 물건 가격을 기억해 두기

아이가 좋아하는 간식이나 과일의 가격을 보고 물건을 구매하나요? 아이가 좋아하는 사과는 현재 얼마일까요? 아이와 함께 가격을 알아보세요. 그리고 마트에 갈 때마다 가격의 변화를 살펴보세요. 아이가 좋아하는 바나나 한 송이가 4,000원이었습니다. 여름에는 3,500원이었는데 가을쯤 되니 4,500원까지 올랐습니다. 아이가 좋아하는 간식의 가격을 함께 탐색해 보세요. 동네에 있는 마트에서 가격을 비교해 보고 어떤 가게가 가장 싼지 함께 알아보세요.

	A마트	B슈퍼마켓	C마트(인터넷쇼핑몰)
새우깡	1,020원	1,200원	780원

자주 사는 물품의 가격을 보지 않고 사는 습관은 훗날 성인이 되어 과소비하거나 카드빚에 허덕이는 삶으로 이어질 수 있습니다. 아이가 자주 사 먹거나 자주 구매하는 물건의 가격을 알아두면 우연히 지나가던 마트에서도 가격이 저렴한지 아닌지 판단할 수 있는 근거

가 됩니다. 만약 저렴하다고 판단되면 구매로 이어지도록 하는 적정 가격의 판단 기준이 될 수 있습니다.

• 푼돈 허투루 쓰지 않기

지금은 많이 사라져 보기가 힘들지만, 예전에는 학교 앞 문구점에 뽑기라는 기계가 있었습니다. 동전 100원, 200원을 넣으면 깜찍한 장난감이 랜덤으로 나옵니다. 어떤 기계는 미니 탱탱볼이 나오는데, 재미 삼아 동전 하나를 넣고 게임을 시작했다가 원하는 모양의 탱탱볼이 나오지 않자 약이 올라 나올 때까지 동전을 넣는 아이도 있습니다. 꽝도 있어서 100원짜리 10개를 넣어도 1개도 못 뽑기도 합니다. 이렇게 100원이라고 얕잡아 보다가 큰돈을 잃기도 합니다. 100원이라고 큰 가치를 두지 않고 쉽게 쓰는 습관을 가진 아이가 어른이 되어 큰돈을 잘 관리할 수 있을까요? 푼돈도 새어나가지 않도록 아이만의 저금통에 차곡차곡 모으는 습관이 필요합니다.

• 가까운 거리는 걸어서 가기

인간은 편리한 것에 익숙합니다. 어른도 아이도 내 몸에 조금이라도 편한 것을 본능적으로 선택합니다. 가까운 거리임에도 매일 아침 자동차를 타고 등교하는 아이와 걸어가는 아이, 두 유형의 아이는 6년의 학교생활 동안 얼마나 어떻게 달라질까요?

걷기는 체력을 키울 뿐만 아니라 척추와 골반 건강도 지켜주고 체지방률을 낮추는 데 효과가 뛰어납니다. 짧은 거리지만 자동차로 가는 몇 분의 시간을 6년간 반복하면 대기를 오염시키는 데 일조하는 셈이고, 불필요하게 휘발유를 사용하는 셈이기도 합니다. 그러니 가까운 거리는 자녀와 함께 걷는 습관을 들여 봅시다.

• 사소한 약속이라도 꼭 지키기

카드값, 모임회비 등 정해진 날짜에 약속된 금액을 내는 것은 중요합니다. 카드로 쓰는 돈은 전부 나중에 갚아야 할 빚입니다. 평소에 약속을 잘 지키면 신용이 쌓이고, 그러면 금융 활동에 도움을 받을 수도 있습니다. 예를 들어 급하게 돈이 필요할 때 대출을 이용할 수 있죠. 자세한 이야기는 2장 〈이자와 대출의 개념 이해시키기〉에서 자세히 다루었습니다.

아이가 약속을 잘 지키는 것이 경제 습관을 기르는 한 방법입니다. 약속에는 친구나 부모와의 약속만 해당되지 않습니다. 숙제를 기한에 맞춰서 완수하는 것, 지각하지 않기, 교통법규 지키기 등도 모두 약속입니다. 정해진 시간과 장소가 있음을 알고 지키기로 약속된 것들입니다. 약속을 지키는 생활 태도는 하루아침에 만들어지지 않습니다. 신용은 관계에서 비롯됩니다. 우리 모두 사람들과 더불어 살아가기에, 누군가와의 약속을 어기지 않고 지켜내는 습관은 아무리 강조해도 지나치지 않습니다.

추억 계좌에도
잔고가 필요한 이유(여유)

"생각할 시간이 없으면 성공할 시간도 없다."

— 빌 게이츠 (마이크로소프트 설립자)

일과 삶의 균형이라는 뜻의 '워라밸'에 이어 등장한 '스라밸'을 아시나요? 공부와 삶의 균형 study-life balance이라는 뜻입니다. 어른들이 일하며 쉼이 필요하듯 아이들도 마찬가지입니다. 삶에 있어 휴식은 참 중요합니다.

학교가 끝나고 학원 셔틀버스를 타고 영어 학원으로, 영어 학원이 끝나면 상가 내 피아노 학원으로 파도 타듯 움직입니다. 피곤한 몸을 이끌고 집에 오면 저녁 먹고, TV 보고, 학원 숙제하면 12시가 되어서야 잠이 드는 아이들이 많습니다. 아이들은 부모와 대화할 시간도 없이 오랜 시간 주인의 손길이 닿지 않은 화분처럼 지쳐갑니다. 쉬지 못하니 아이들은 늘 피곤합니다.

학교에서도 쉬는 시간에 쉬지 못하는 아이들이 많습니다. 쉬어 본 적이 없어 스트레스를 어떻게 풀어야 할지, 이 답답한 감정을 어떻게 표현해야 하는지 몰라 쩔쩔매는 아이도 있습니다. 우울하고 무기력한 자신을 감당하기 힘들어하는 아이, 보기만 해도 참 속상합니다. 생활에 쉼이 없어 지쳐가는 아이, 비단 아이의 사례뿐일까요?

앞서 스라밸의 의미에 대해 생각해 보았습니다. 우리 아이도, 부모도 경제에 대해 알아가며 노력하더라도 때로는 쉼이 필요합니다. 아이와 부모의 속도와 상태에 대해 점검해야 합니다.

~가야 한다, ~따야 한다, ~가져야 한다, ~이루어야 한다 등 아주 사소한 것부터 중요한 것까지 수많은 '해야 한다'가 있습니다. 혹시 '해야 한다'의 홍수 속에 허우적대고 있지 않나요? 수많은 '해야 한다'에 몰두하다 중요한 것을 놓치고 있지는 않나요? 열심히 사는 것은 좋습니다. 최선을 다해 사는 삶은 의미 있습니다. 저축을 열심히 하고 똑똑하게 투자해서 하루빨리 자산을 형성하는 것도 중요합니다. 하지만 수많은 '해야 한다'를 따라 달리다 나 자신과 내 아이, 소중한 가족이 뒤처져 있지는 않았는지 항상 경계해야 합니다.

내 아이에게 지금 가장 중요한 것은 무엇인가? 내 인생에서 가장 중요한 것은 무엇인가? 스스로 이러한 질문들에 답해 보며 균형을 맞춰 보았으면 해요. 아이에게 경제 교육을 하는 본질에 대해 자신에게 물어보세요. 경제 교육을 위해 '해야 한다'가 많으면 아이를 사랑할 틈이 없습니다. 아직 돈에 대한 개념이 형성되기 전인 아이는 돈을 잘못 쓰기 쉽습니다. 더 배워야 할 아이에게 무서운 얼굴로 지금처럼 돈을 쓰면 안 된다고 혼을 낸다면, 과연 아이는 '엄마아빠가 나를 사랑해서 돈에 대해 가르쳐 주고 있구나'라고 느낄까요? 아이는 그저 '혼나서 속상하다'라는 감정만 기억하기 쉽습니다.

자산 형성을 위해 무리하게 '영끌'(영혼까지 끌어모아 대출 받는 것)한다면, 그 과정 동안 가정의 재정과 관계가 안정적일까요? 마음의 불안이 가족 간의 대화에서도 드러나 서로 예민하고 날카로워지면 자녀가 아무리 눈치가 없다고 해도 다 알아챕니다. 부모의 이상 기류를 감지한 아이는 불안해하고, 그런 시간이 쌓이면 우울해질 수도 있습니다.

아이는 부모와 대화하고 친구들과 놀 시간이 필요합니다. 하고 싶은 일을 찾고, 멍 때리고, 말도 안 되는 상상을 할 시간이 확보되어야 합니다. 부모가, 가족 분위기가 불안하면 아이의 마음에는 숨 쉴 틈이 없게 됩니다. 가정은 정서적 휴식의 공간이 되어야 합니다. 그래야 마음뿐 아니라 몸의 피로도 풀리고 외부에서 받은 스트레스를 다스릴 수도 있게 됩니다.

마이크로소프트사를 세우고 크게 성공한 빌 게이츠는 1년에 두 번씩 '생각주간'이라는 자신만의 휴가 기간을 보냅니다. 2주 동안 별장에서 어떤 전자기기도 없이 오로지 혼자 독서와 사색의 시간을 갖는다고 합니다. 이 기간에 주로 독서를 하는데, 책을 통해 얻은 통찰력이 기업을 이끄는 데 큰 도움이 되었다고 합니다. 부모도 멍 때리고, 공상하며 쉴 틈을 가지세요. 아이 계좌에 한 푼이라도 더 저축하는 것이 중요하지만, 너무 그 목표만 보며 속도를 냈다면 돈을 관리하는 것이 아니라 쫓기는 삶이 되는 것입니다. 잠시 멈추고 소중한 순간들로 추억 계좌의 잔고를 채워주세요.

　무엇을 위해 경제 교육을 해야 할까요? 가족의 행복 아닐까요? 경제 교육은 행복한 삶을 위한 수단이지 목적이 아닙니다. 미래의 행복을 위해 달린다면 지금 현재의 삶도 행복해야 합니다. 오늘의 행복에 빚을 내어 미래에 투자한다고 생각하지 마세요. 아이는 지금 행복을 자양분으로 삼아 쑥쑥 자라는 중입니다. 경제 교육은 자녀와 가족의 삶의 방향성을 점검하고 그 토대를 튼튼히 다져 가는 과정일 뿐, 전부나 목표가 아님을 기억하세요. 부모를 인생의 전부로 아는 아이와 오늘도 더 건강한 관계여야 경제 교육도, 건강한 미래도 꿈꿀 수 있습니다.

참고자료

교육부, 《2015 개정 교육과정 총론 해설》, 2016

권영애, 《자존감, 효능감을 만드는 버츄프로젝트수업》, 아름다운사람들, 2018

김선, 《게임 현질하는 아이 삼성 주식사는 아이》, 베리북, 2021

김승호, 《돈의 속성》, 스노우폭스북스, 2020

박은선, 《초3공부가 고3까지 간다》, 빌리버튼, 2021

박혜란, 《다시 아이를 키운다면》, 나무를심는사람들, 2019

보도 섀퍼 저, 김준광 역, 《열두 살에 부자가 된 키라》, 을파소, 2001

브라운스톤, 《부의 인문학》, 오픈마인드, 2019

성유미, 《돈을 아는 아이는 꾸는 꿈이 다르다》, 잇콘, 2020

양귀란, 《매일비움》, 싱크스마트, 2021

오은영, 《오은영의 화해》, 코리아닷컴, 2019

전인구, 《경제교육 프로젝트》, 테크빌교육, 2019

정명애, 《부모의 길, 체인지》, 한겨레에듀, 2011

지철원·권기둥·송보배, 《사회 첫발, 지갑을 지켜라》, 전국투자자교육협의회, 2017

최승필, 《공부머리 독서법》, 책구루, 2018

한국은행경제교육센터교육개발, 《한국은행의 알기 쉬운 경제 이야기》, 한국은행, 2008

"노 캐시 스타벅스의 실험…얼굴 마주보는 현금결제가 사라지고 있다", 〈아시아경제〉 2018.04.25.(http://view.asiae.co.kr/news/view.htm?idxno=2018042508342084542)

"조기 경제교육, 일상서 시작… 관점 바꾸면 시각 달라져", 〈이데일리〉 2021.04.21.(https://www.edaily.co.kr/news/read?newsId=03086486629018416)

"백반기행 존 리, 주식=부자 되는 방법 투자 시기는 지금… 타이밍 맞히는 건 도박", 〈TV REPORT〉 2021.02.12.(https://www.tvreport.co.kr/2061583)

'부의 미래'를 여는
11살 돈 공부

1판 1쇄 2022년 4월 15일 발행
1판 2쇄 2022년 6월 2일 발행

지은이 · 김성화
펴낸이 · 김정주
펴낸곳 · ㈜대성 Korea.com
본부장 · 김은경
기획편집 · 이향숙, 김현경
디자인 · 문 용
영업마케팅 · 조남웅
경영지원 · 공유정, 신순영

등록 · 제300-2003-82호
주소 · 서울시 용산구 후암로 57길 57 (동자동) ㈜대성
대표전화 · (02) 6959-3140 | 팩스 · (02) 6959-3144
홈페이지 · www.daesungbook.com | 전자우편 · daesungbooks@korea.com

© 김성화, 2022
ISBN 979-11-90488-33-4 (03590)
이 책의 가격은 뒤표지에 있습니다.

Korea.com은 ㈜대성에서 펴내는 종합출판브랜드입니다.
잘못 만들어진 책은 구입하신 곳에서 바꾸어 드립니다.